やみ
YAMITSUKI
つき
算数
ドリル
りんご塾代表
田邉 亨
小学校
の算数を
マスター!!
実務教育出版

本書を手にしてくださったお母さん、お父さんへ

「没頭は最高の学び」。それが、私の20年以上に渡る「パズルで思考力を育む」指導経験から確信したことです。ご存じの通り、幼児や小学生が自発的に将来のことを考えて勉強することはまずありません。それでいいのです。彼らは本能的に「知りたいから興味を持ち、面白いから学ぶ」のです。

しかし、ここ日本では本能は、ときに制約を受けます。人は、自分にとって理不尽な状況に長く置かれるとその状況を疑います。ですから、お子さんから勉強の意味を問われたなら、その状況は「異常」だと考えなくてはいけません。それは、自分の本能が拒否することを押しつけられていることにほかならないからです。

マジメな親ほど「この子の将来のために」と、テストで１点でも高い点を取らせようとします。そしてささいなミスを責め、他人と比較します。繰り返しますが、子どもに「なんで勉強しなくちゃいけないの？」と言わせたら負けなのです。幸せな状況にいる時、人は人生の意味を問いません。「自分がなぜこのような状況にあるのか」などと疑問に思ったりしません。

親ができるのは、環境を与え、見守ることだけ。このドリルも一つの「環境」です。その子が夢中になって取り組むなら、それが人間本来の姿です。環境が正しいかどうかは、テストの点数ではなく子どもの姿が教えてくれます。

私たちが子どもに望むのは、より幸せに生きること。幸せに生きる力は、能動的な「学び」からしか身につきません。このドリルが、お子さん（とあなた、あなたの親御さんまでも）が人生100年時代をより幸せに生きることの一助になれば、これほど嬉しいことはありません。

田邉 亨

この本を手にしたキミへ

キミは、パズルが好きかな？　もしそうなら、なにも言うことはない。好きなだけ、ごはんを一回抜いても平気なくらいこの本にハマってほしい。そのうちパズルはもちろん、ますます算数や考えることが得意になって、いつのまにかその道の「プロ」になれちゃうかもしれない。だから、安心して自分の「好き」を突きつめてほしい。

でも、もしかしたら、パズルがニガテな子もいるかもしれないね。そんなキミでも、安心してほしい。僕ができるだけわかりやすく解説した、パズルのとき方の動画も用意している。動画はYouTubeで見られるから、何度でも見てとき方を考えてみてほしい（動画の見かたは8ページにあるよ）。

一つだけ言えるのは、「この本は絶対にキミを裏切らない」ということ。本ごとにレベル分けはしてあるけれど、どの問題も「楽勝」じゃない。ときにはあきらめそうになるかもしれない。でも、うんうん頭をひねって考えた経験は、間違いなくキミの宝ものになる。だから、考えることに疲れたら、好きなことで遊んだり、この本の中のパンダみたいにダラーッとしたり、おいしいおやつを食べてからまたこの本に戻ってきてもらえたらうれしいな。

いつかキミからこの本の感想を聞かせてもらえるのを、楽しみにしています。

田邉　亨

この本の使いかた

単元ごとに「HOP」「STEP」「JUMP」の3つでできているよ。

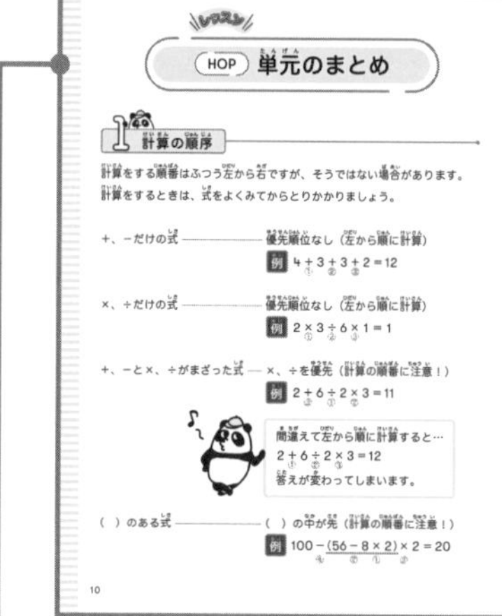

レッスン

HOP 単元のまとめ

1 計算の順序

計算をする順番はふつう左から右ですが、そうではない場合があります。
計算をするときは、式をよくみてからとりかかりましょう。

+、−だけの式 ―― 優先順位なし（左から順に計算）
例 4 + 3 + 3 + 2 = 12

×、÷だけの式 ―― 優先順位なし（左から順に計算）
例 2 × 3 ÷ 6 × 1 = 1

+、−と×、÷がまざった式 ―― ×、÷を優先（計算の順番に注意！）
例 2 + 6 ÷ 2 × 3 = 11

間違えて左から順に計算すると…
2 + 6 ÷ 2 × 3 = 12
答えが変わってしまいます。

（ ）のある式 ―― （ ）の中が先（計算の順番に注意！）
例 100 − (56 − 8 × 2) × 2 = 20

10

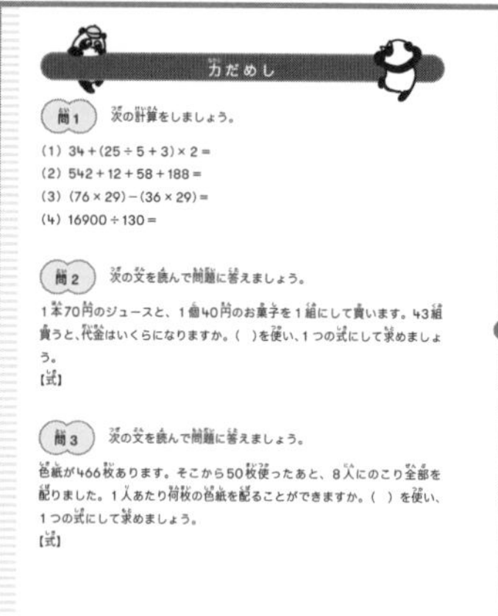

力だめし

問1 次の計算をしましょう。

(1) 34 + (25 ÷ 5 + 3) × 2 =
(2) 542 + 12 + 58 + 188 =
(3) (76 × 29) − (36 × 29) =
(4) 16900 ÷ 130 =

問2 次の文を読んで問題に答えましょう。

1本70円のジュースと、1個40円のお菓子を1組にして買います。43組買うと、代金はいくらになりますか。( )を使い、1つの式にして求めましょう。
【式】

問3 次の文を読んで問題に答えましょう。

色紙が466枚あります。そこから50枚使ったあと、8人にのこり全部を配りました。1人あたり何枚の色紙を配ることができますか。( )を使い、1つの式にして求めましょう。
【式】

14

HOP …単元のまとめレッスン

「算数はあんまり得意じゃない…」とか「パズルに慣れてない…」という子は、ここから始めてみて！途中の「力だめし」をクリアしたら、いよいよパズルにチャレンジだ！

「算数は得意」または「パズルを解くのが好き」という子は、ここを飛ばしていきなりパズルから始めてもらって大丈夫。思う存分「パズル沼」にハマってね！

STEP …単元のポイントをつめこんだパズル（基本）

各単元の要素を使って解く基本的なパズルだよ。制限時間はないから、ルールをよく読んで、じっくり考えながら解いていこう。

STEPパズルの全部に解説動画があるから、YouTubeから見てみてね（見かたは８ページ）。「少しむずかしいかも？」というパズルでも、この動画を見れば何倍も早く理解できるよ！

JUMP …単元のポイントをつめこんだパズル（応用）

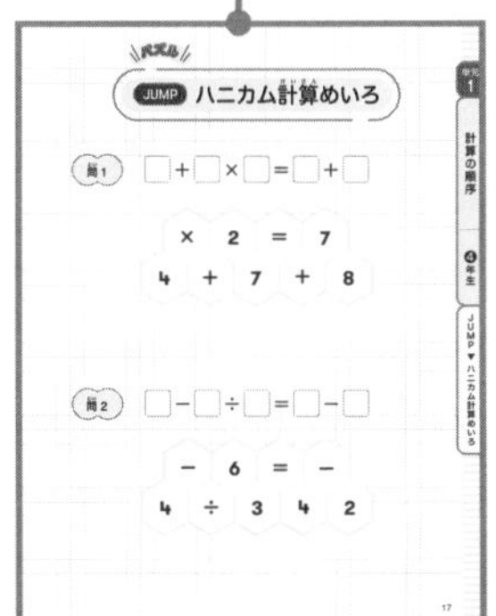

各単元の要素を使って解く応用的なパズルだよ。これが解けたら、この単元の成績も爆上がりしてるはず。

STEPよりも少しレベルUPしてるから時間はかかるかもしれないけど、STEPが解けたキミならきっとクリアできるはず。目指せ、パズルの天才！

この本にいろいろ出てくる双子のパンダ

サンサン（♂）
だらっとするのが大好き。
名前は中国語で数字の「３」。
特技は食べることとサボること。

スースー（♀）
好奇心旺盛。
名前は中国語で数字の「４」。
特技はおしゃれとパズルを解くこと。

単元1 計算の順序（4年生）

単元2 三角形と四角形の面積（4～5年生）

単元3 多角形（5年生）

単元4 小数のたし算ひき算（3年生）

単元5 分数（3～5年生）

単元6 □を使った式（5年生）

単元7 公倍数と最小公倍数（5年生）

単元8 角度（5年生）

単元9 立体（4～5年生）

単元10 場合の数（6年生）

読者のみんなへのプレゼント

STEPパズル全20問のわかりやす～い解説動画

苦手な子から得意な子まで、どんな子でも「やみつき」に導いてきたプロが、YouTubeでだれよりもわかりやすく解説するよ！

STEPパズルのページ右上には必ず ＼動画も／ ▶ あるよ！ がついてるよ。

パソコンやスマホで見てね！ YouTube動画はココから

⬇

やりかたがわからない子はお父さんお母さんにきいてね！

単元❶　単元レベル：4年生

計算の順序

この単元のゴール

▶計算の優先順位がしっかりわかるようになる
❶（　）の中 → ❷かけ算、わり算 → ❸たし算、ひき算

HOP 単元のまとめ

1 計算の順序

計算をする順番はふつう左から右ですが、そうではない場合があります。
計算をするときは、式をよくみてからとりかかりましょう。

＋、－だけの式 …… 優先順位なし（左から順に計算）

例 4 ＋ 3 ＋ 3 ＋ 2 ＝ 12
（①、②、③の順）

×、÷だけの式 …… 優先順位なし（左から順に計算）

例 2 × 3 ÷ 6 × 1 ＝ 1
（①、②、③の順）

＋、－と×、÷がまざった式 …… ×、÷を優先（計算の順番に注意！）

例 2 ＋ 6 ÷ 2 × 3 ＝ 11
（＋③、÷①、×②）

間違えて左から順に計算すると…
2 ＋ 6 ÷ 2 × 3 ＝ 12
（＋①、÷②、×③）
答えが変わってしまいます。

（　）のある式 …… （　）の中が先（計算の順番に注意！）

例 100 －（56 － 8 × 2）× 2 ＝ 20
（－④、－②、×①、×③）

2 計算の順序のまとめ

❶ 基本は左から計算する。

❷ ×と÷は、＋と－より先に計算する。

❸ （かっこ）がついた式では、（　）の中を最初に計算する。

$4 + 6 \div 3 \times 2 =$

を計算するとき

❶ 計算する順番に番号をつける

$4 + 6 \div 3 \times 2 =$

（＋が③、÷が①、×が②）

❷ 番号順に計算する

$4 + \underline{6 \div 3} \times 2$

①6÷3をする

$= 4 + \underline{2 \times 2}$

②2×2をする

$= \underline{4 + 4}$

③4＋4をする

$= 8$

例

$25 + (9 - 8 \div 2) \times 7 =$

を計算するとき

❶ 計算する順番に番号をつける

$25 + (9 - 8 \div 2) \times 7 =$

（＋が④、－が②、÷が①、×が③）

❷ 番号順に計算する

$25 + (9 - \underline{8 \div 2}) \times 7$

①8÷2をする

$= 25 + (\underline{9 - 4}) \times 7$

②9－4をする

$= 25 + \underline{5 \times 7}$

③5×7をする

$= \underline{25 + 35}$

④25＋35をする

$= 60$

計算には、次のようなきまりもあります。

3 計算のくふう①

たし算の場合

❶ ●＋▲＝▲＋● ❷ ●＋(▲＋■)＝(●＋▲)＋■

かけ算の場合

❶ ●×▲＝▲×● ❷ ●×(▲×■)＝(●×▲)×■

例

31＋55＋229＝

を計算するとき

❶ 入れ替えて、(　) をつける

31＋55＋229

＝55＋(31＋229)

❷ (　) から順に計算する

55＋(31＋229)

①31＋229をする

＝55＋**260**

②55＋260をする

＝**315**

例

8×74×25＝

を計算するとき

❶ 入れ替えて、(　) をつける

8×74×25

＝(8×25)×74

❷ (　) から順に計算する

(8×25)×74

①8×25をする

＝**200**×74

②200×74をする

＝**14800**

4 計算のくふう②

❶ (●＋▲)×■＝●×■＋▲×■

❷ (●－▲)×■＝●×■－▲×■

例

95 × 4 + 105 × 4 =

を計算するとき

❶（　）でくくる

95 × 4 + 105 × 4

= **(95 + 105) × 4**

❷（　）から順に計算する

(95 + 105) × 4

①95 + 105をする

= **200** × 4

②200 × 4をする

= **800**

例

68 × 1005 =

を計算するとき

❶（　）で数字を分ける

68 × 1005

= 68 × **(1000 + 5)**

❷ 数字を分配して、計算する

68 × (1000 + 5)

①68を分配する

= **68 × 1000 + 68 × 5**

②68 × 1000をする　68 × 5をする

= **68000 + 340**

③68000 + 340をする

= **68340**

5 計算のくふう③

●÷▲＝■のとき

(●×☆)÷(▲×☆)＝■　　(●÷☆)÷(▲÷☆)＝■

わり算では、わられる数とわる数に同じ数をかけても、商（わり算の答え）は変わりません。わられる数とわる数を同じ数でわっても同様です。

例 810 ÷ 90 =　を計算するとき

810 ÷ 90 = (810 ÷ **10**) ÷ (90 ÷ **10**) = **81 ÷ 9** = **9**

①10でわる　10でわる　②81 ÷ 9をする

力だめし

問1 次の計算をしましょう。

(1) 34＋(25÷5＋3)×2＝

(2) 542＋12＋58＋188＝

(3) (76×29)－(36×29)＝

(4) 16900÷130＝

問2 次の文を読んで問題に答えましょう。

1本70円のジュースと、1個40円のお菓子を1組にして買います。43組買うと、代金はいくらになりますか。(　)を使い、1つの式にして求めましょう。

【式】

問3 次の文を読んで問題に答えましょう。

色紙が466枚あります。そこから50枚使ったあと、8人にのこり全部を配りました。1人あたり何枚の色紙を配ることができますか。(　)を使い、1つの式にして求めましょう。

【式】

パズル

STEP ハニカム計算めいろ

ルール

❶ 下の式の計算が成り立つようにそれぞれのマスを線でつなぎ、□に正しい数字を書きましょう。

❷ 辺どうしが接するマスに進むことができます。

❸ すべてのマスを1度だけ通ります。

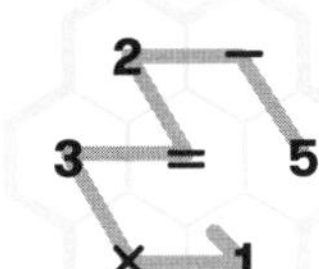

5 − 2 = 3 × 1

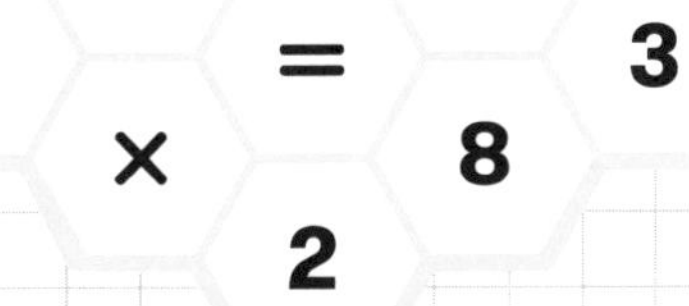

解答と解き方

$$9 \div 3 + 8 = 1 + 2 + 4 \times 2$$

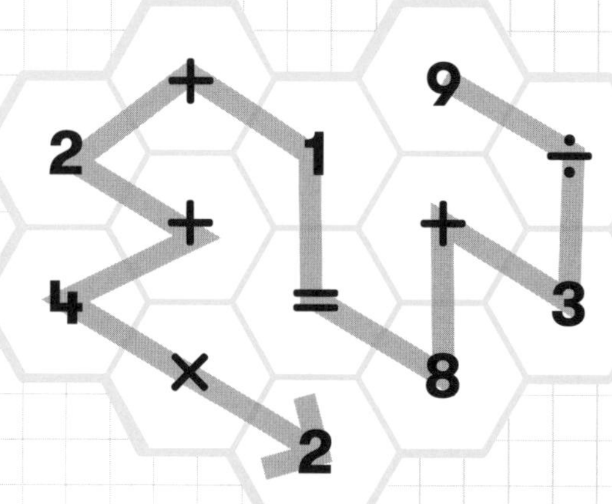

❶ 上の□の式の記号（+、×、÷、=）の位置をヒントに、式が成り立つように数字と記号を結びます。

❷ このとき、記号の優先順位と計算の順番に注意しましょう。

$$9 \div 3 + 8 = 1 + 2 + 4 \times 2$$

左辺　9 ÷ 3 + 8 = **11**（①÷、②+）

右辺　1 + 2 + 4 × 2 = **11**（②+、③+、①×）

パズル

JUMP ハニカム計算(けいさん)めいろ

問(とい) 1

□ ＋ □ × □ ＝ □ ＋ □

×	2	＝	7	
4	＋	7	＋	8

問(とい) 2

□ − □ ÷ □ ＝ □ − □

−	6	＝	−	
4	÷	3	4	2

問3

□ + □ ÷ □ + □ = □ + □ + □

+	5	4	+	
8	9	+	=	9
÷	2	+	5	

□ × □ − □ ÷ □ + □ = □□ − □ + □

5	1	3	×	5	
−	=	7	+	−	6
3	+	7	2	÷	

パズル

STEP 10をつくる

ルール

❶ 答え(こた)が10になるように、□に数字(すうじ)をあてはめて式(しき)を作(つく)りましょう。

❷ □の中(なか)の数字(すうじ)を使(つか)います。

❸ 同(おな)じ数字(すうじ)を2回以上(かいいじょう)使(つか)うことはできません。

2　3　4　5　6

解答(かいとう)と解(と)き方(かた)

2 ＋ **6** － **5** ＋ **4** ＋ **3** ＝10

❶ 12ページで紹介(しょうかい)した計算(けいさん)のくふう①を使(つか)ってといていきます。

❷ □＋□－□＋□＋□＝ には＋と－が混(ま)ざっているので、

＋と－を（　）でくくってみましょう。

❸ □＋□－□＋□＋□

＝(□＋□＋□)＋(□－□) となります。

❹ 2と3と4を足(た)すと9になり、6から5を引(ひ)くと1になるので、

(□＋□＋□)＋(□－□)

＝(**2**＋**3**＋**4**)＋(**6**－**5**)

＝9＋1

＝10

パズル

JUMP 10をつくる

1　3　5　7

□＋□－□＋□＝10

1　2　3　4　5　~~6~~　7

□＋□＋□＋□－□－□－6＝10

問(とい) 3

4　5　6　7　8

□ + □ + □ − □ − □ = 10

2　4　6　8　10

□ + □ + □ + □ − □ = 10

問5

5　6　7　8

$\square \div \square \times (\square + \square) = 10$

問6

1　3　5　6　7

$(\square + \square) \div (\square - \square) + \square = 10$

力(ちから)だめし ＆ JUMPの解答(かいとう)

力だめし

問1

（1）50　　（2）800

（3）1160　（4）130

問2

式　(70＋40)×43　　答え　4730円

問3

式　(466－50)÷8　　答え　52枚

問4

3×5－6÷2＋7

＝15－3＋7

5　1　3　×　5
－　＝　7　＋　－　6
3　＋　7　2　÷

JUMP／ハニカム計算めいろ

問1　7＋4×2＝7＋8

×　2　＝　7
4　＋　7　＋　8

問2　4－6÷3＝4－2

－　6　＝　－
4　÷　3　4　2

問3　9＋8÷2＋5

＝9＋4＋5

＋　5　4　＋
8　9　＋　＝　9
÷　2　＋　5

JUMP／10をつくる

問1　1＋5－3＋7＝10

問2　3＋4＋5＋7－1－2

－6＝10

問3　5＋7＋8－4－6＝10

問4　2＋4＋6＋8－10＝10

問5　5÷7×(6＋8)＝10

問6　(1＋7)÷(5－3)＋6

＝10

単元❷ 単元レベル：4～5年生

三角形と四角形の面積

この単元のゴール

▶さまざまな三角形と四角形の面積の求め方のちがいを理解する

レッスン HOP 単元のまとめ

1 面積とは

面（平面または曲面）の広さ

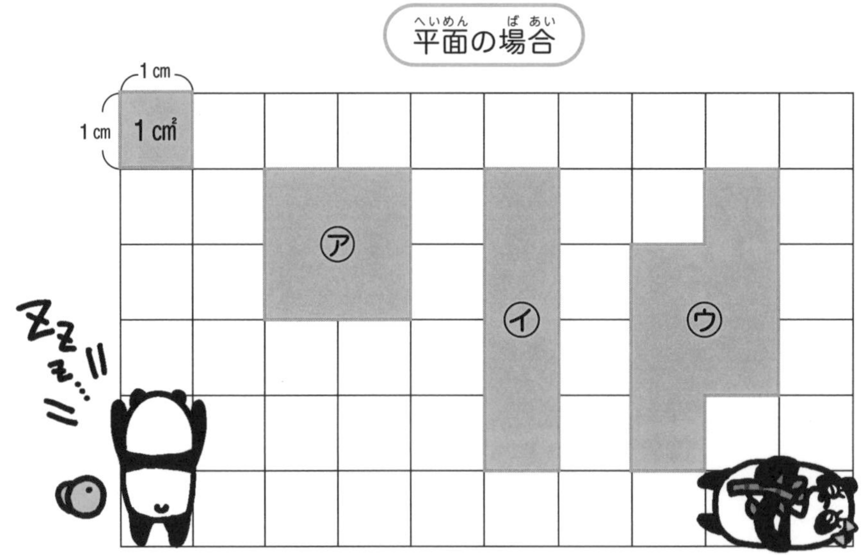

一辺が 1 cmの正方形の面積を 1 cm²（平方センチメートル）といいます。

1 cm× 1 cmの四角形が㋐は 4 こで、㋑も 4 こ。

よって、どちらの図形の面積も 4 cm²となります。

㋒は 1 cm× 1 cmの四角形が 6 こで、面積は 6 cm²となります。

面積を表す単位にはmm²、cm²、m²、km²などがあります。

2 四角形の面積の公式

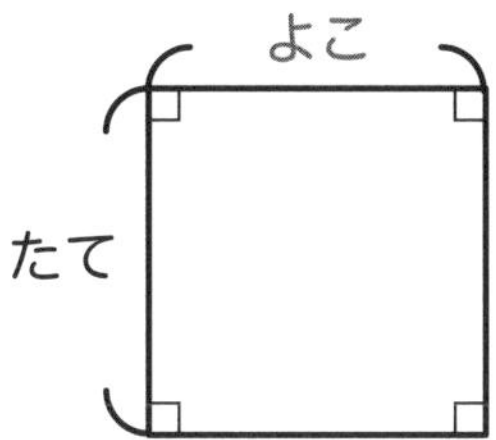

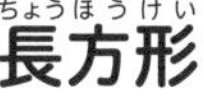

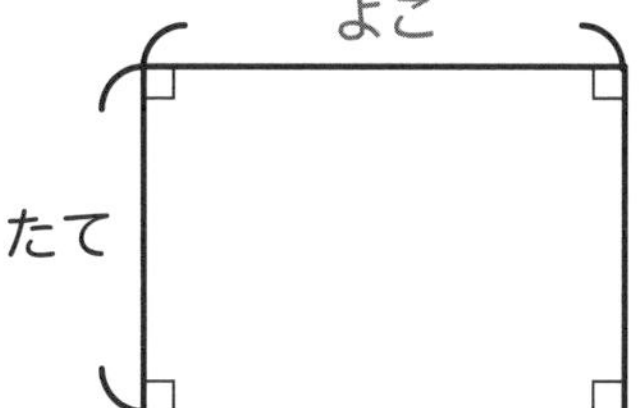

3 三角形の面積の公式

底辺×高さ÷2

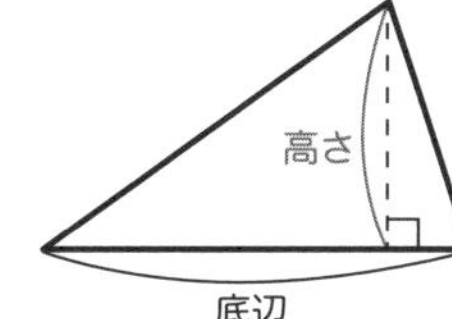

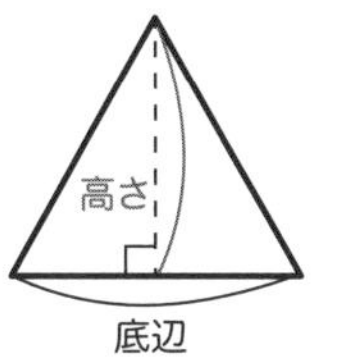

二等辺三角形

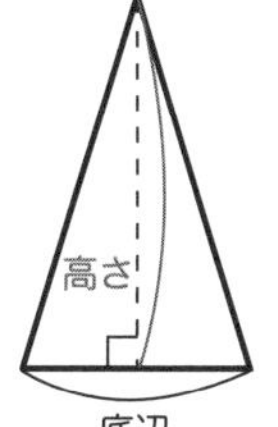

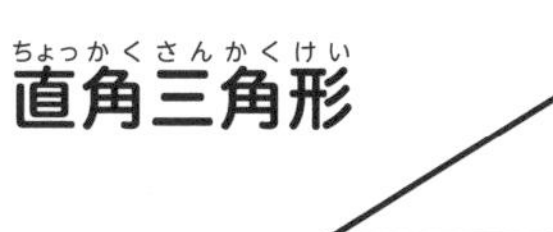

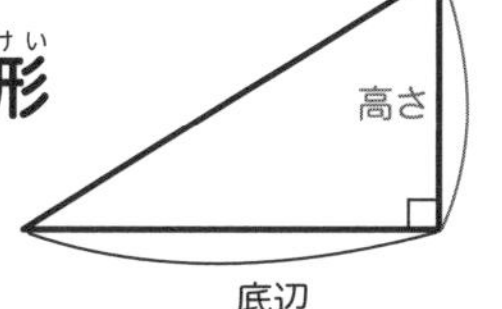

直角二等辺三角形

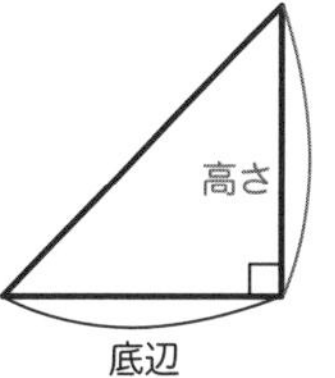

4 さまざまな四角形の面積の公式

平行四辺形

底辺×高さ

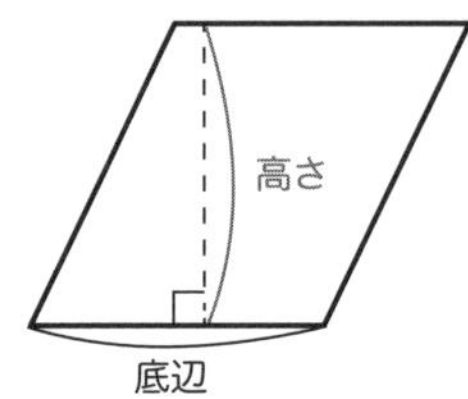

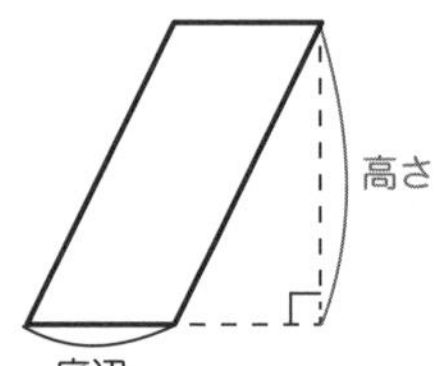

ひし形

対角線×対角線÷2

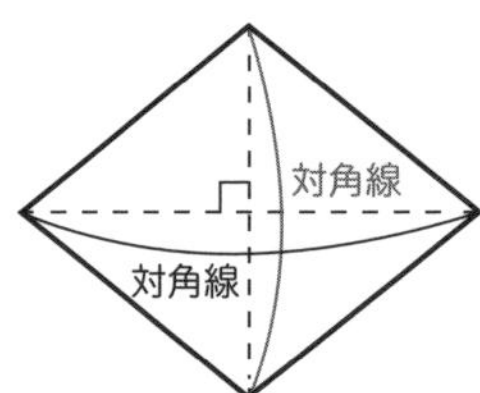

台形

(上底+下底)×高さ÷2

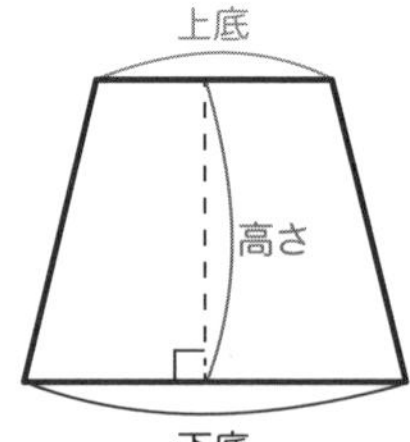

力だめし

問1 面積が5㎠の図形はどれですか。すべて選びましょう。

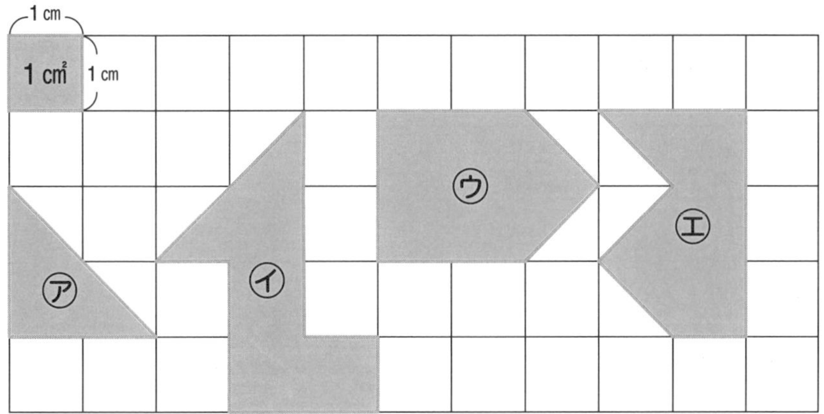

問2 次の三角形の面積を求めましょう。

(1)

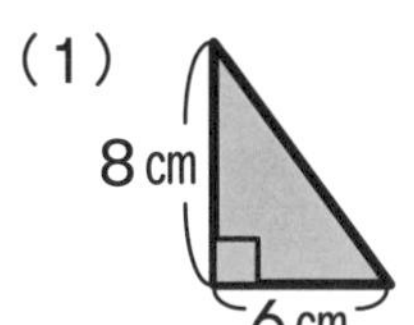

(2)

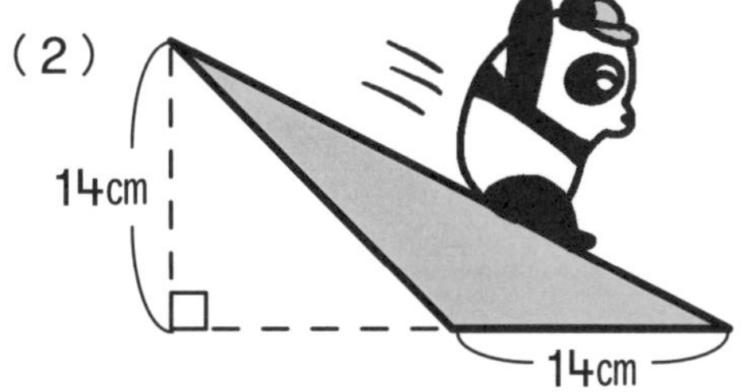

(3)

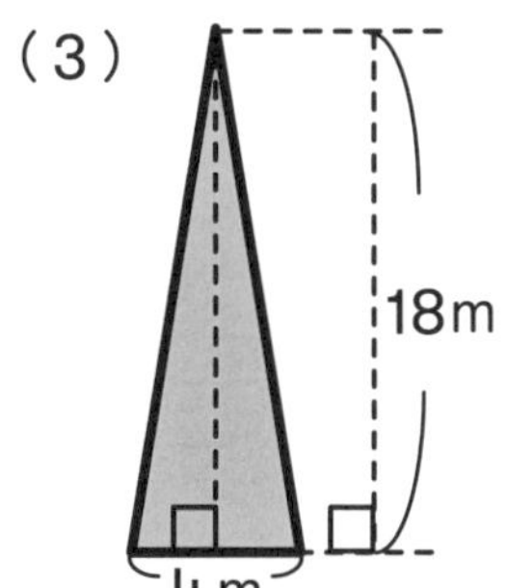

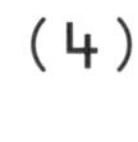

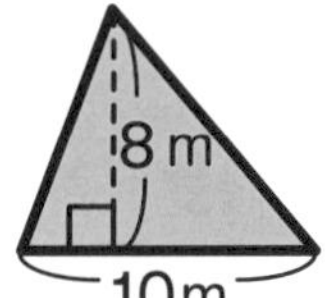

次の四角形の面積を求めましょう。

（1）長方形

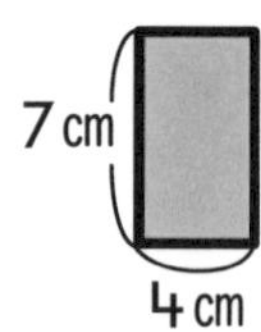

（2）台形

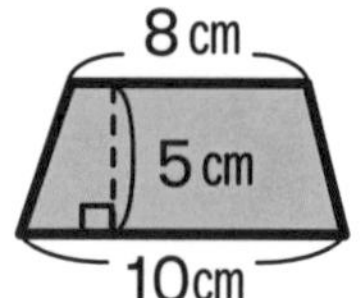

（3）平行四辺形

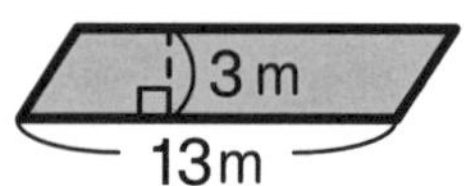

（4）ひし形

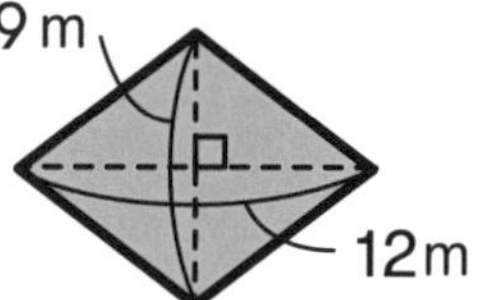

次の問題に答えましょう。

（1）面積が72㎠で、高さが12㎝の三角形の底辺の長さを求めましょう。

（2）面積が84㎠の台形があります。この台形は上底の長さが4㎝で、高さが8㎝です。下底の長さを求めましょう。

STEP かたちパズル

ルール

下の図形を次のルールにそって、いくつかの正方形または長方形に分けます。
下の図形を、3つの正方形または長方形に分解します。
【　】の中に書かれているそれぞれの数字は、分けた四角形に含まれるマスの数をあらわしています。
マスを半分や斜めに分けることはできません。

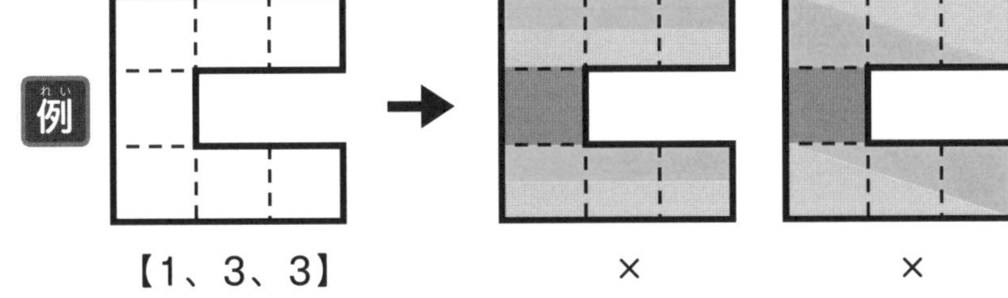

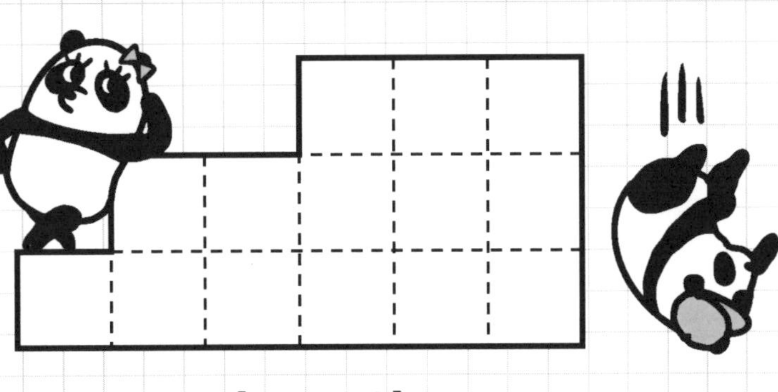

【1、4、9】

解答と解き方

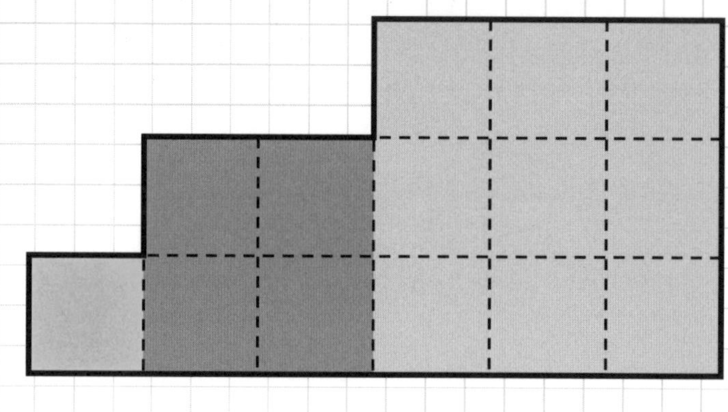

【1、4、9】

❶ まず、「1」が左のマスに入ります。

❷「9」はタテ×3、ヨコ×3しかないため、右のマスに決まります。

❸ 最後に、まん中の「4」が決まります。

JUMP かたちパズル

問1

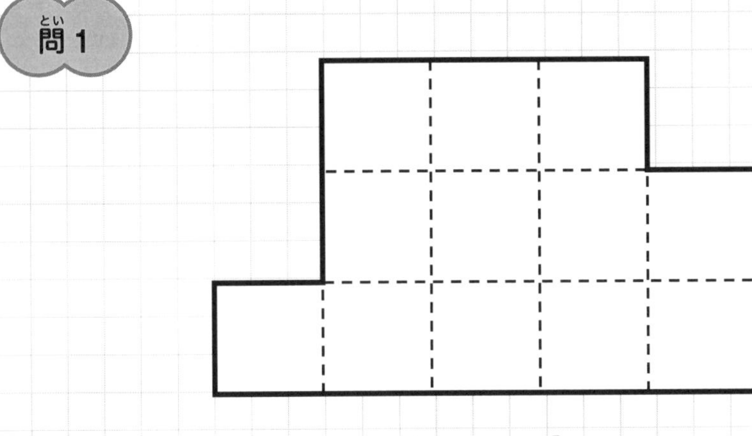

【2、4、6】

問2

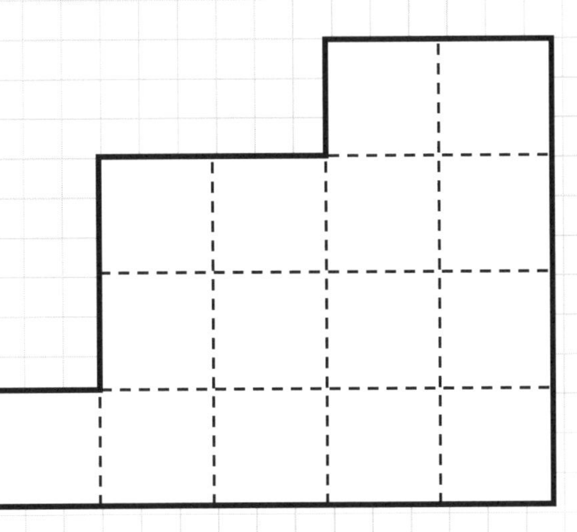

【4、5、6】

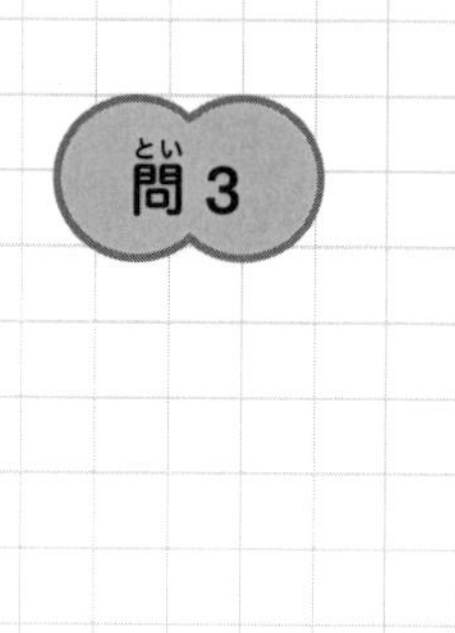

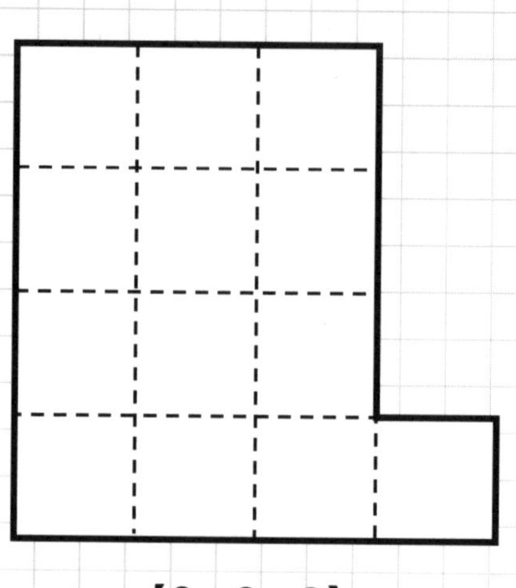

【2、3、8】

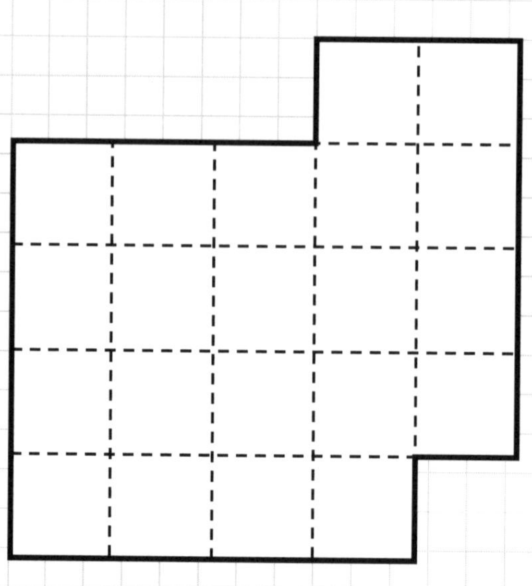

【4、8、9】

STEP レクタングル

ルール

下の例のように、図形をマスに書かれている数字の分だけ、正方形と長方形に分けましょう。

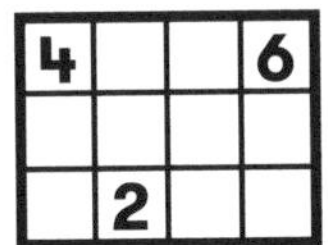

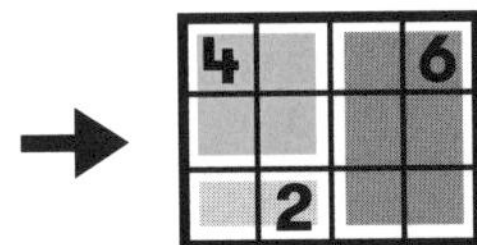

数字が書かれていない場所で分ける

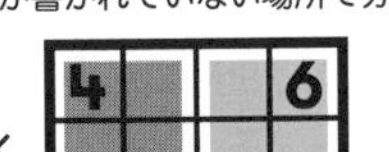

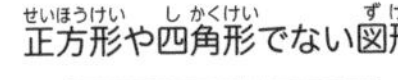

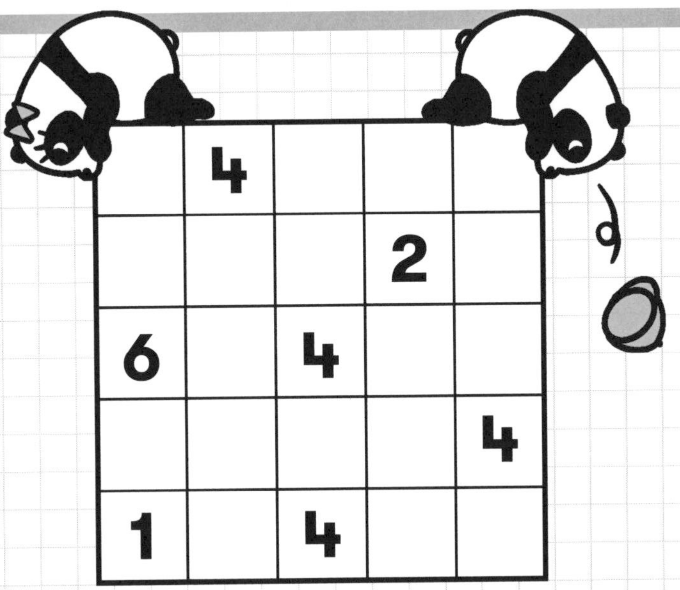

	4			
			2	
6		4		
				4
1		4		

単元2 三角形と四角形の面積 ❹〜❺年生 STEP▼レクタングル

解答と解き方

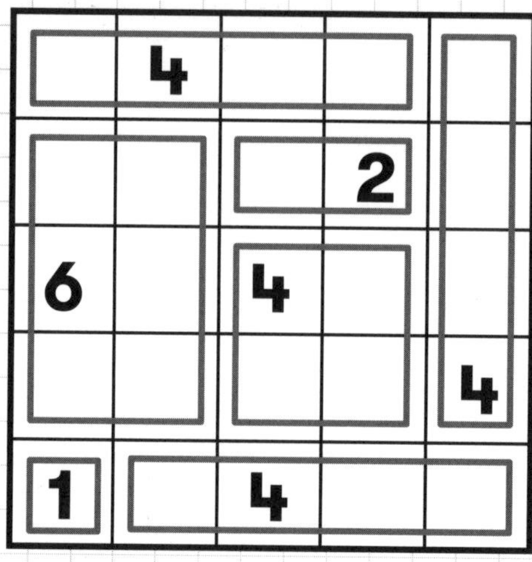

❶ まず、まん中左の６に注目します。
６は、タテ３、ヨコ２の長方形にしかなりません。

❷ そうすると、いちばん上の段の４が決まり、
いちばん下の段の１と４も１通りに決まります。

❸ 次にまん中の２と４が決まり、最後に右の４が決まります。

JUMP レクタングル

問(とい) 1

		5			1
				10	
			5		
15					

問(とい)2

			2			3	
	18						
					15		
							2
			9				
3						6	
			6				

問(とい) 3

<table>
<tr><td></td><td></td><td></td><td></td><td></td><td></td><td></td><td></td><td></td><td></td></tr>
<tr><td>6</td><td></td><td></td><td></td><td></td><td></td><td></td><td></td><td></td><td></td></tr>
<tr><td></td><td></td><td></td><td></td><td></td><td>21</td><td></td><td></td><td></td><td>9</td></tr>
<tr><td></td><td></td><td></td><td></td><td></td><td></td><td></td><td></td><td></td><td></td></tr>
<tr><td></td><td></td><td></td><td></td><td></td><td></td><td>9</td><td></td><td></td><td></td></tr>
<tr><td></td><td></td><td></td><td></td><td></td><td></td><td></td><td></td><td>6</td><td></td></tr>
<tr><td></td><td>24</td><td></td><td></td><td></td><td></td><td></td><td></td><td></td><td></td></tr>
<tr><td></td><td></td><td></td><td></td><td></td><td></td><td>15</td><td></td><td></td><td></td></tr>
<tr><td></td><td></td><td></td><td></td><td></td><td></td><td></td><td></td><td></td><td></td></tr>
<tr><td></td><td>3</td><td></td><td></td><td></td><td></td><td></td><td></td><td>7</td><td></td></tr>
</table>

力だめし ＆ JUMPの解答

力だめし

問1

㋑　㋒

問2

（1）24㎠　（2）98㎠

（3）36㎡　（4）40㎡

問3

（1）28㎠　（2）45㎠

（3）39㎡　（4）54㎡

問4

（1）12㎝

（2）17㎝

JUMP／かたちパズル

問1

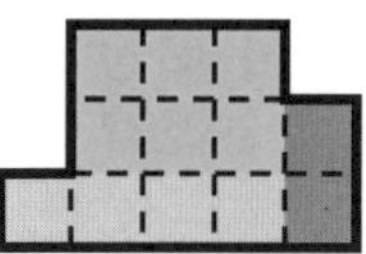

問2

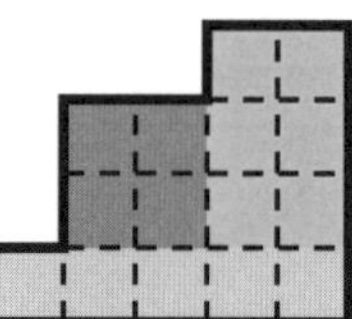

問3

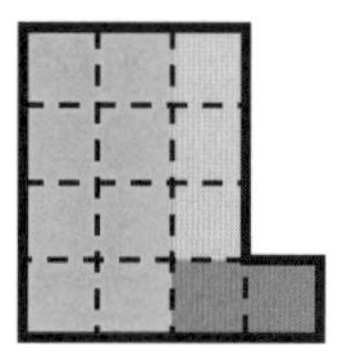

問4

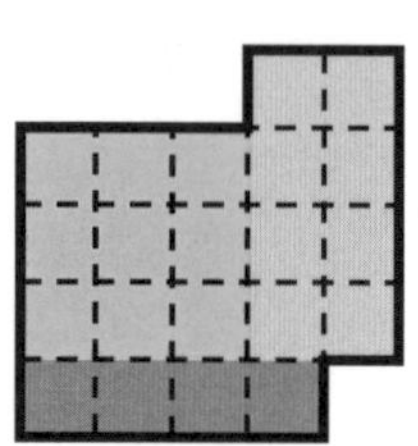

JUMP／レクタングル

問1

5　1

10

15　5

問2

2　3

18　15

2

9

3　6

6

問3

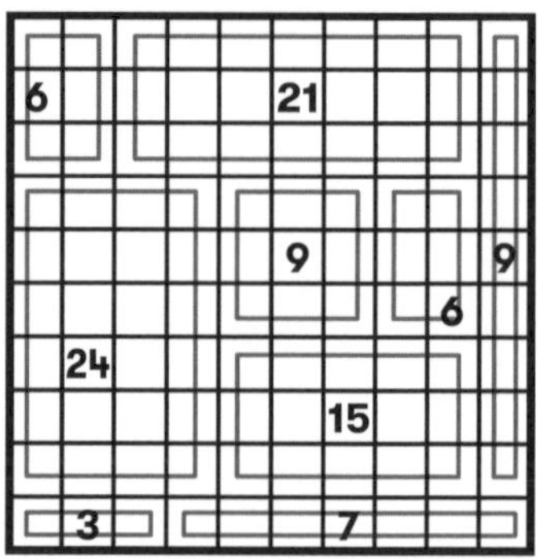

単元(たんげん)③　単元(たんげん)レベル：5年生(ねんせい)

多角形(たかくけい)

この単元(たんげん)のゴール

▶さまざまな多角形(たかくけい)の種類(しゅるい)を理解(りかい)する

HOP 単元のまとめ

1 多角形とは

「3本以上の線分で囲まれた形」のことをいいます。

多角形の例

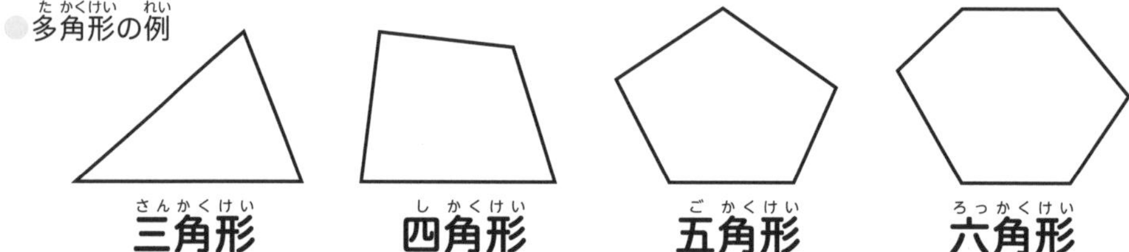

三角形　四角形　五角形　六角形

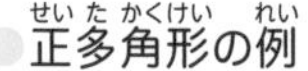

2 正多角形とは

「辺の長さがすべて等しく、また角の大きさもすべて等しい多角形」のことをいいます。

正多角形の例

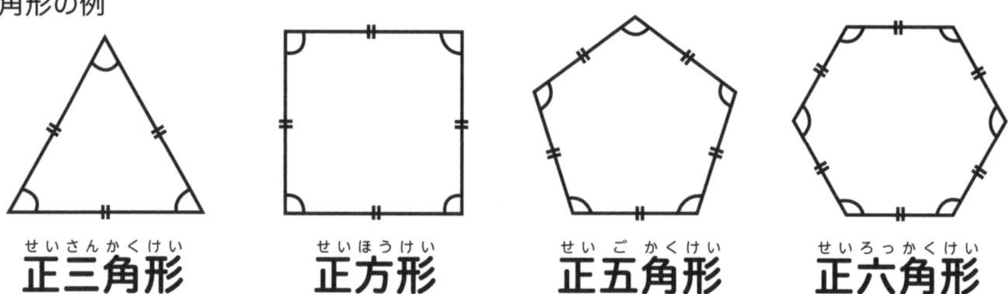

正三角形　正方形　正五角形　正六角形

3 多角形をいくつかの三角形に分ける

多角形は、1つの頂点から引ける対角線でいくつかの三角形に分けることができます。その三角形の数は「辺の数－2」で求められます。

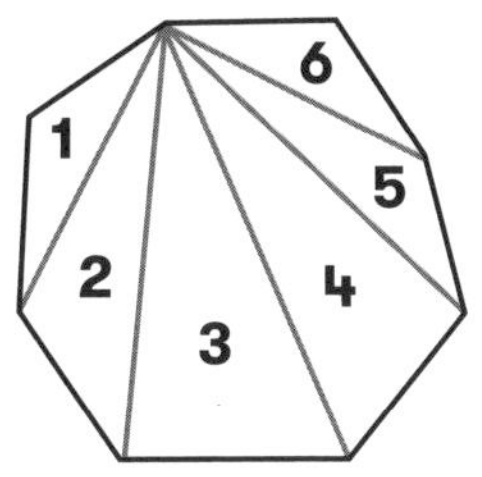

八角形は1つの頂点から
5本の対角線を引くことができ、
「8－2＝6こ」の三角形に分けられます。

4 内角の和

○角形の内角の和は、「180×(○－2)」で求めることができます。

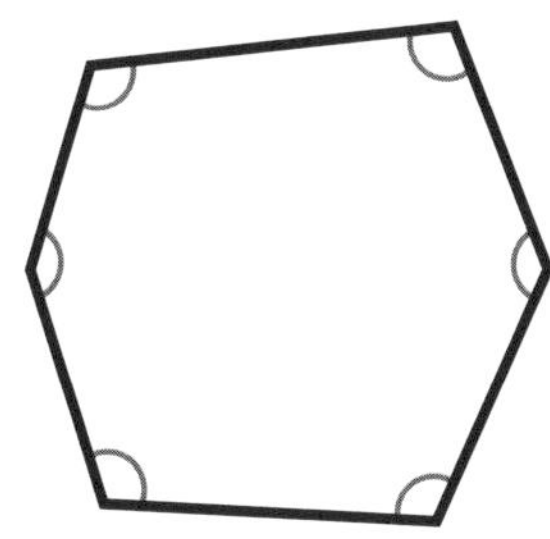

そのため、六角形の内角の和は
「180×(6－2)＝720度」
と求められます。

力だめし

問1　下の図形から、正多角形をすべて選びましょう。

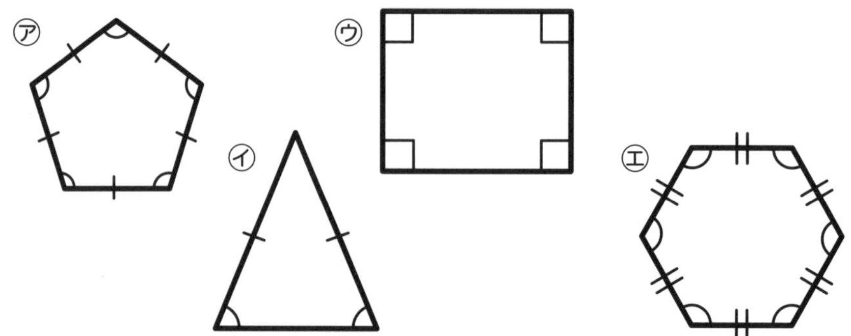

問2　右の図形は、すべての辺の長さが等しく、角の大きさもすべて等しい図形です。次の問いに答えましょう。

（1）右の図形の名前を答えましょう。

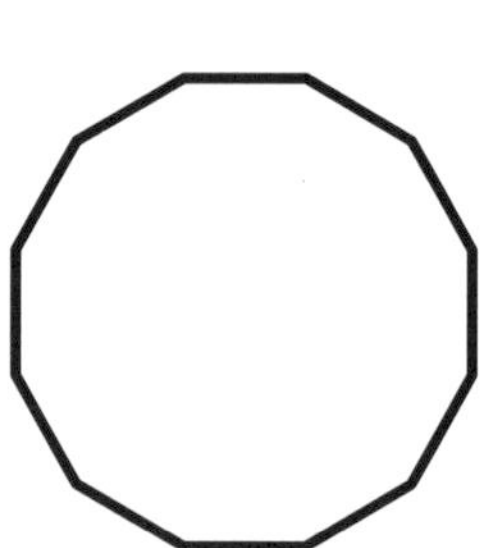

（2）この図形では、１つの頂点から何本の対角線が引けますか。

（3）（2）より、この図形はいくつの三角形に分けられますか。

問3 右の正五角形について答えましょう。

（1）正五角形の内角の和は何度ですか。

（2）㋐の角の大きさは何度ですか。

（3）三角形OCDは何という三角形ですか。

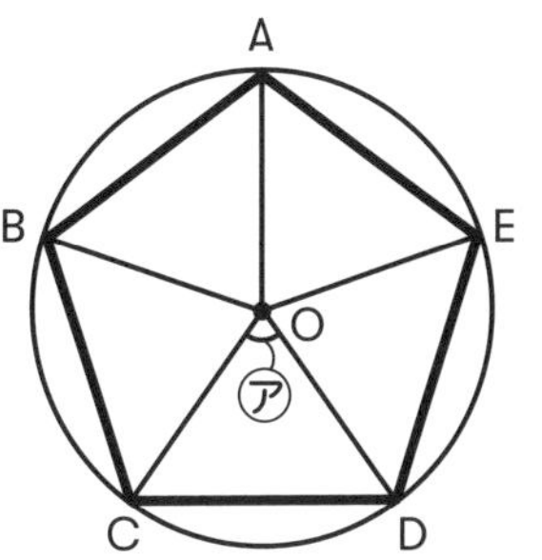

右の正八角形について答えましょう。

（1）辺GFの長さは何cmですか。

（2）正八角形の内角の和は何度ですか。

（3）㋐の角の大きさは何度ですか。

（4）㋑の角の大きさは何度ですか。

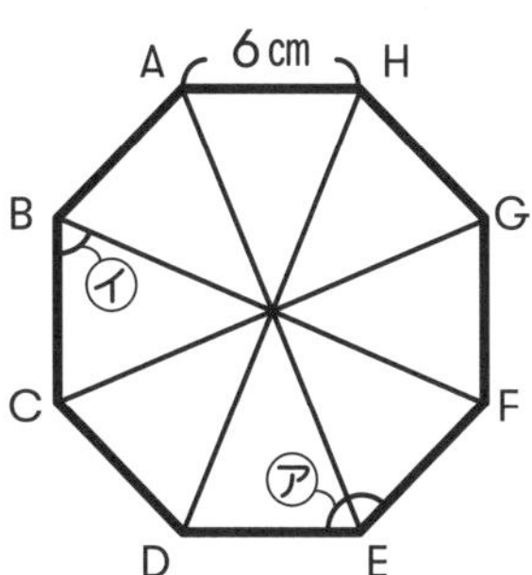

次の図形の面積を求めなさい。

（1）

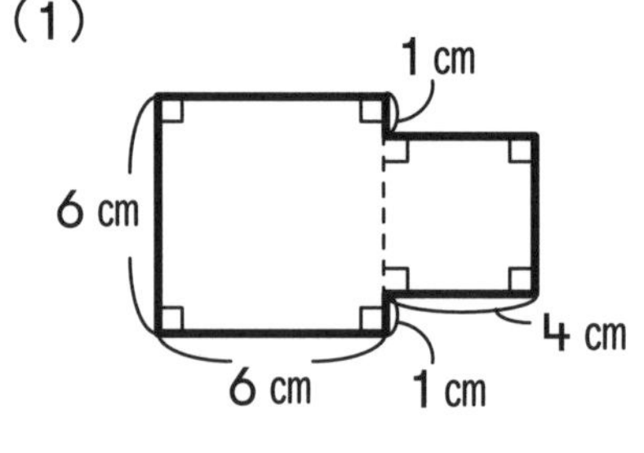

（2）

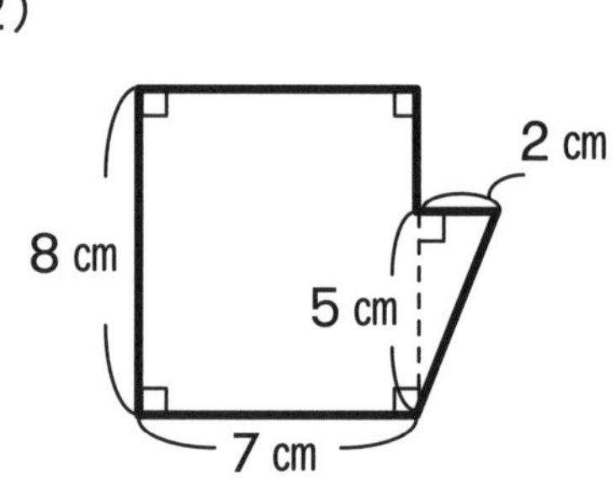

（3）

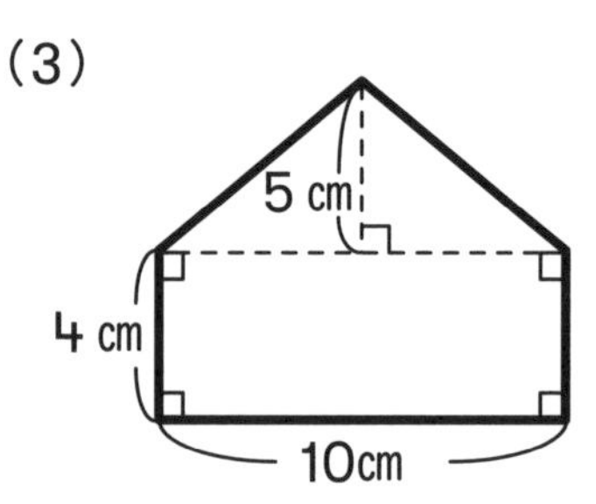

（4）

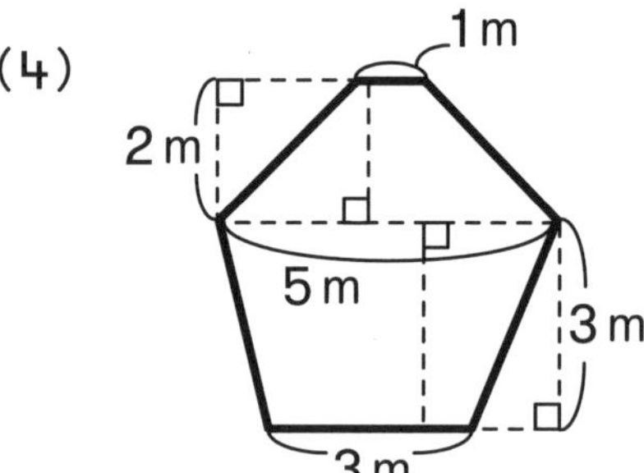

（5）

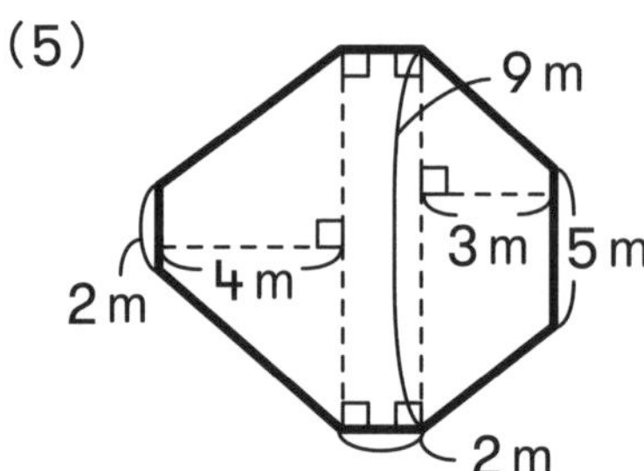

パズル

STEP 三角四角ぶんかつ

ルール

❶ 下の図形を、次のルールにそって三角形と四角形に分けます。

❷ 下のマスを１つも余らないように線で分け、三角形と四角形をつくります。

❸ 分けた三角形と四角形の中には、必ず数字が１つ入ります。その数字は、図形にふくまれるマスの数を表します。

❹ 同じマスを２つの形に使うことはできません。

例

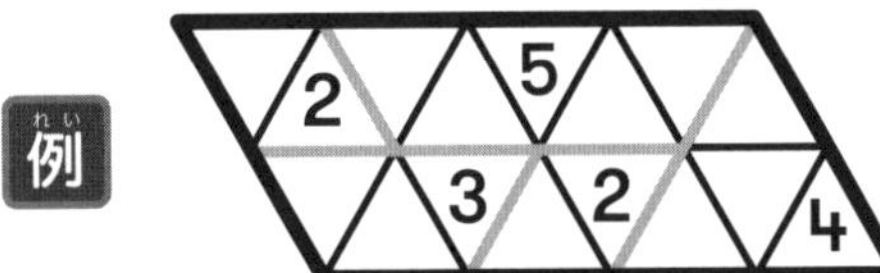

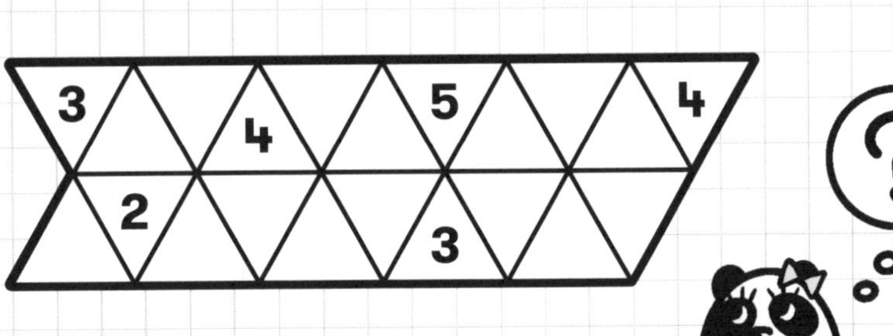

解答と解き方

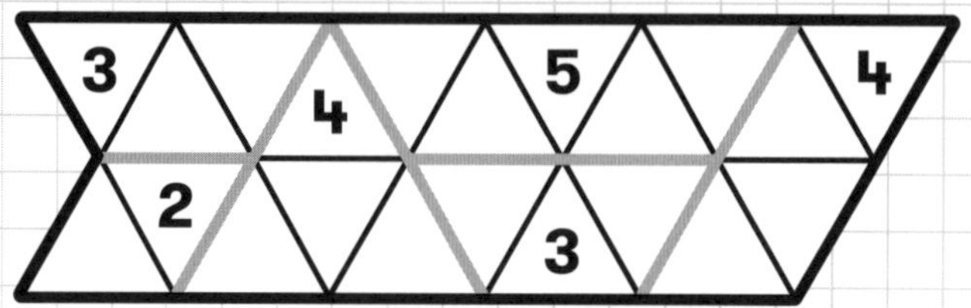

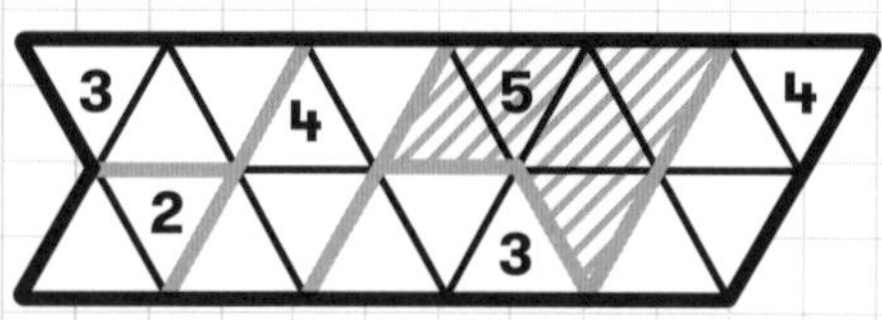

×間違いの例❶

・三角形と四角形以外の多角形でマスを分けている

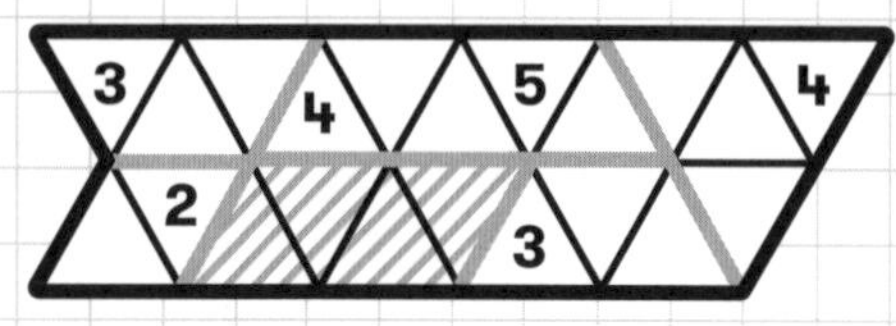

×間違いの例❷

・数字が入っていない図形がある

JUMP 三角四角ぶんかつ

問1

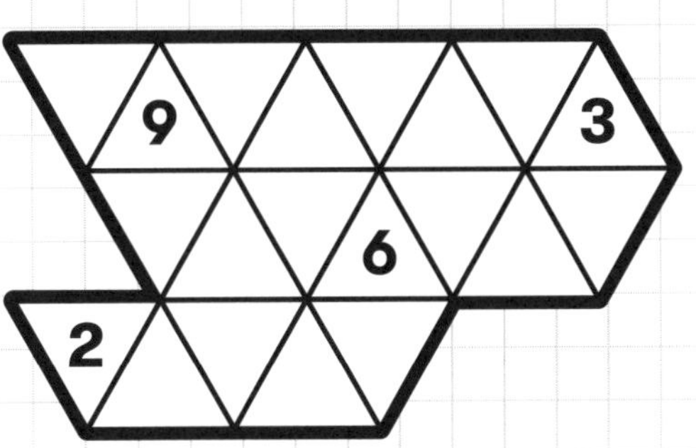

問2

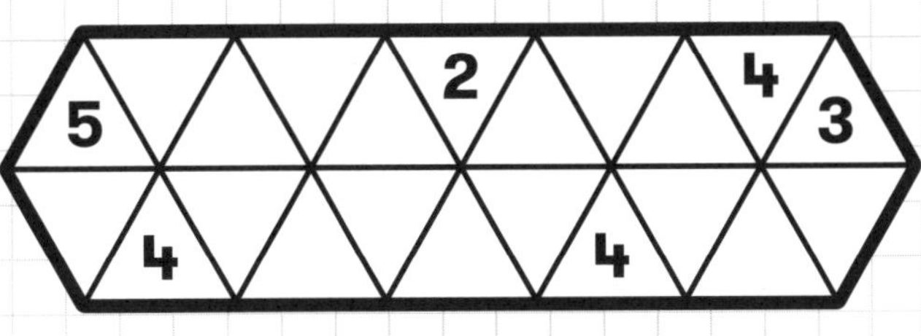

とい
問3

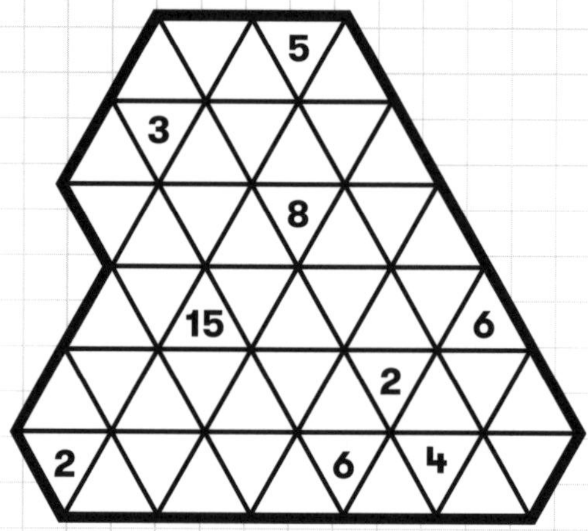
5
3
8
15
6
2
2
6
4

とい
問4

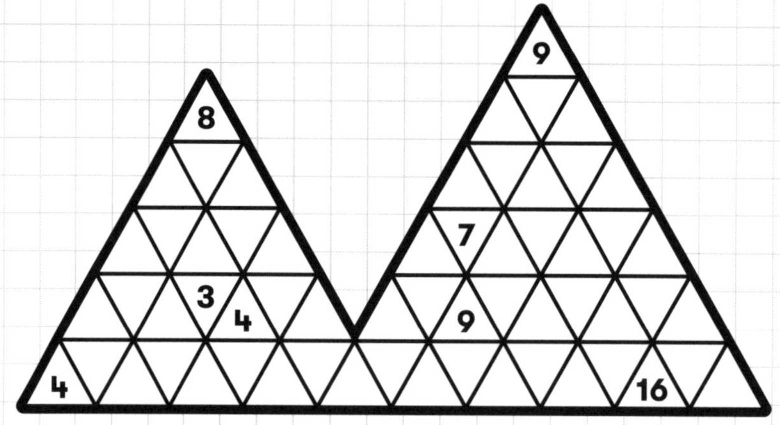
9
8
7
3
4
9
4
16

パズル

STEP 多角形ぶんかつ

ルール

下のブロックを、次のルールにそっていくつかの図形に分けます。

❶ 下のブロックに縦・横・ななめ45度の線を引き、すべてのブロックを三角形か四角形に分けます。

❷ 分けたブロックの中には、それぞれ漢字が一文字ずつ入ります。漢字は、分けた後のブロックがどのような形になるのかを表しています。

❸ 分けた図形が重なることはありません。また、漢字のあるマスの上に線を引くことはできません。

漢字が表す形　三→三角形、四→長、正、平、台、以外の四角形
長→長方形、正→正方形、平→平行四辺形、台→台形

		三	長
台	平		
四			正

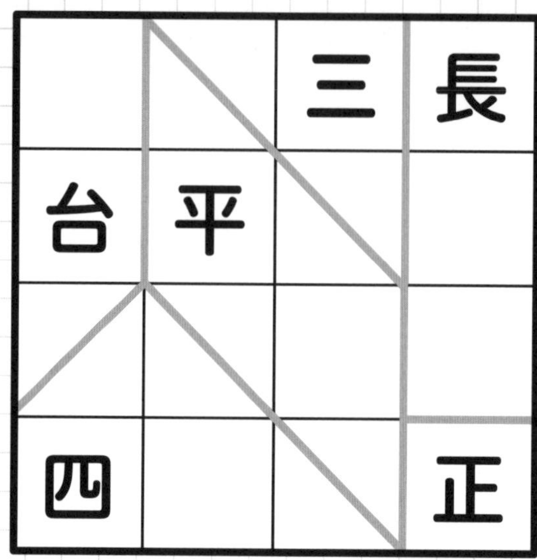

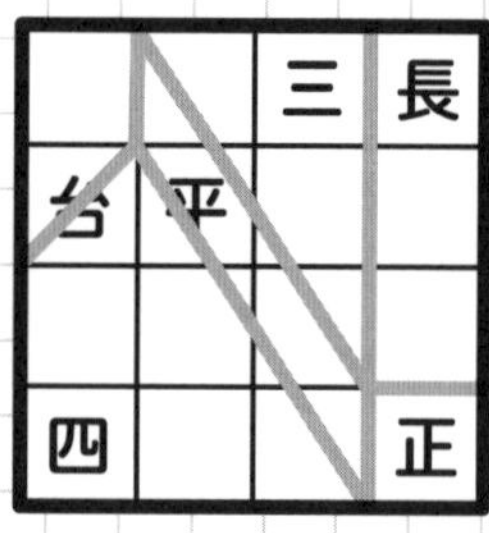

×間違いの例❶

・ななめの線が45度ではない

・漢字のあるマスにななめの線を引いている

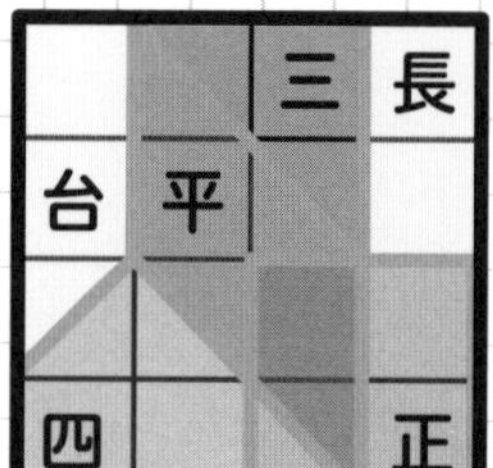

×間違いの例❷

・分けた図形どうしが重なっている

パズル

JUMP 多角形ぶんかつ

問1

台		正
長	平	正
		台

問2

	長		
	長	正	
	平		三
三			

		平		台
	台			台
三				
		長		

台			三	三	
					台
四			長		
		正			平
三				三	台

問5

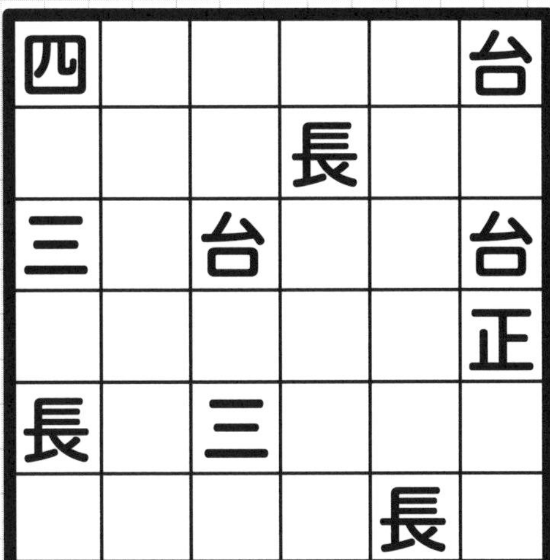

四					台
			長		
三		台			台
					正
長		三			
				長	

力(ちから)だめし & JUMPの解答(かいとう)

力だめし　問1

㋐　㋓

問2

（1）正十二角形
（2）９本　（3）10個

問3

（1）540°　（2）72°
（3）二等辺三角形

問4

（1）６㎝　（2）1080°
（3）135°　（4）67.5°

問5

（1）52㎠　（2）61㎠　（3）65㎠
（4）18㎡　（5）61㎡

JUMP／三角四角ぶんかつ

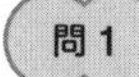

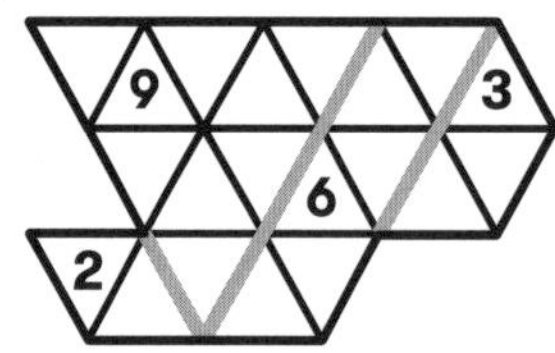

問2

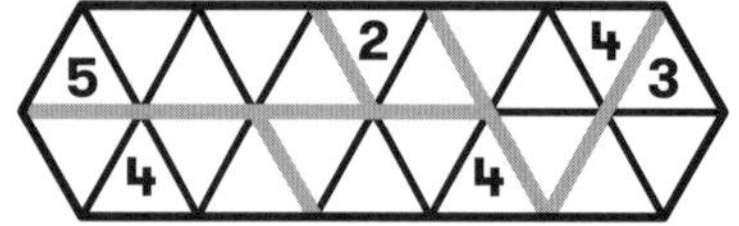

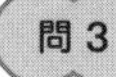

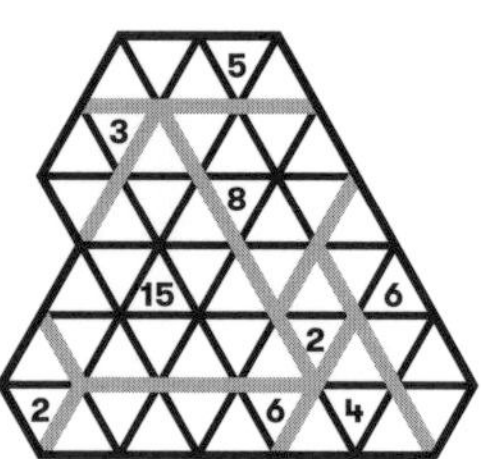

問4

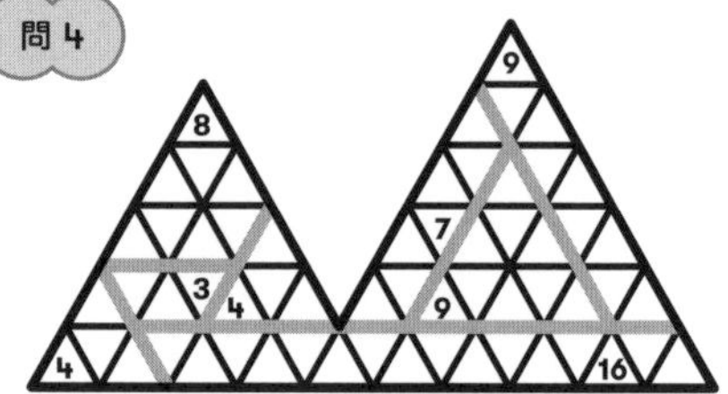

JUMP／多角形ぶんかつ

問1

問2

問3

問5

単元④　単元レベル：3年生

小数のたし算ひき算

この単元のゴール

▶小数のたし算・ひき算を、小数点をそろえて筆算できるようになる

HOP 単元のまとめ

1 整数と小数点

1 は … 0.01を100こ集めた数です。

100は … 0.01を10000こ集めた数です。

2.67は … 1を2こ、0.1を6こ、0.01を7こ合わせた数です。

2 小数のたし算

◎小数点をそろえて筆算する

 3.5＋2.3

$$\begin{array}{rr} & 3.5 \\ + & 2.3 \\ \hline & 5.8 \end{array}$$

❶ 小数点をそろえて筆算する。

❷ 35＋23を筆算するのと同じように計算する。

❸ 小数点をそのまま下におろし、5と8の間に小数点を打つ。

例 8.3＋2.9

$$\begin{array}{rr} & 8.3 \\ + & 2.9 \\ \hline & 11.2 \end{array}$$

❶ 小数点をそろえて筆算する。

❷ 83＋29を筆算するのと同じように計算する。

❸ 小数点をそのまま下におろし、1と2の間に小数点を打つ。

3 小数のひき算

◎小数点をそろえて筆算する

例 7.1 − 1.9

```
   7.1
−  1.9
──────
   5.2
```

❶ 小数点をそろえて筆算する。

❷ 71 − 19 を筆算するのと同じように計算する。

❸ 小数点をそのまま下におろし、5 と 2 の間に小数点を打つ。

例 6.2 − 2.43

```
   6.20
−  2.43
───────
   3.77
```

❶ 小数点をそろえて筆算する。

❷ 6.2 は 6.20 として計算する。

❸ 620 − 243 を筆算するのと同じように計算する。

❹ 小数点をそのまま下におろし、3 と 7 の間に小数点を打つ。

力(ちから)だめし

問(とい)1 次(つぎ)の㋐〜㋔にあてはまる数(かず)を、それぞれ書(か)きましょう。

（1）6.93は、1を㋐こ、0.1を㋑こ、0.01を㋒こ合(あ)わせた数(かず)です。

㋐＿＿＿、㋑＿＿＿、㋒＿＿＿

（2）8.42は、0.01を㋓こ集(あつ)めた数(かず)です。

㋓＿＿＿

（3）5は、0.001を㋔こ集(あつ)めた数(かず)です。

㋔＿＿＿

問(とい)2 次(つぎ)の数(かず)の大小(だいしょう)を比(くら)べ、小(ちい)さい順(じゅん)に記号(きごう)で答(こた)えましょう。

ア：2.401　イ：4.012　ウ：4.021　エ：2.041　オ：2.104

次の計算を筆算でしましょう。

（1）2.33＋8.62＝

（2）4.62＋2.37＝

（3）1.09＋0.5＝

（4）27.8＋5.91＝

0.82kgの箱に、3.78kgのみかんが入っています。
全体の重さは何kgですか。

【式】

答え：

次の計算を筆算でしましょう。

（1）9.48 − 3.29 ＝

（2）4.5 − 2.44 ＝

（3）1 − 0.37 ＝

（4）0.5 − 0.41 ＝

8.94L入っていた水を、3.28L飲みました。残りの水の量は何Lですか。

【式】

答え：

パズル

STEP 小数ボックス

ルール

❶ このボックスでは、1つの面の4つの数の和がどれも「20」になります。○の中に当てはまる小数を入れましょう。

❷ ○の中に同じ小数は入りません。

例 このボックスでは、1つの面の4つの数の和がどれも「18」になります。

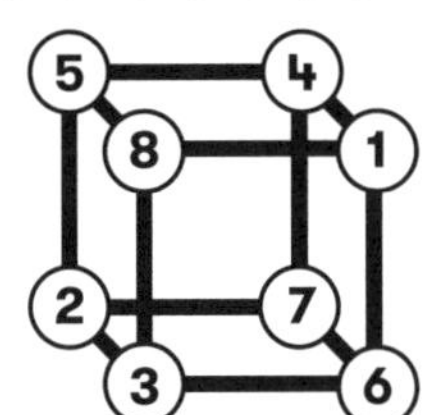

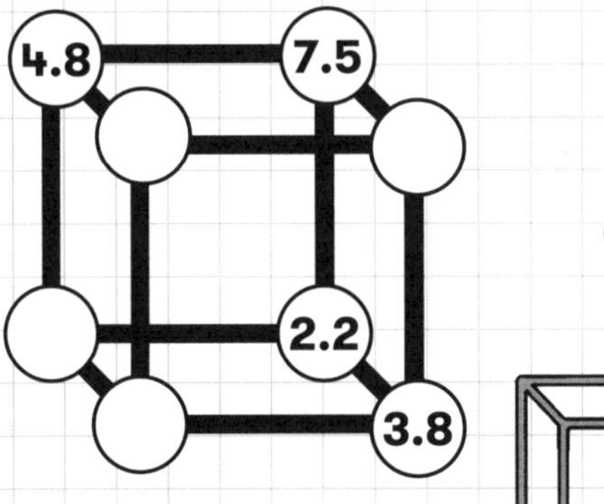

解答と解き方

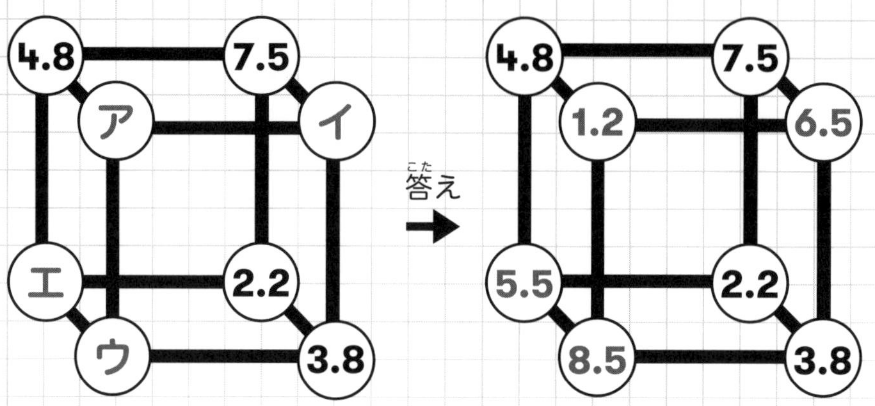

❶ まず求める数字をア、イ、ウ、エとします。

❷ 次に、いちばん計算しやすいイから考えます。

❸ 1つの面の4つの数字の和がどれも20になるので、

7.5 + 2.2 + 3.8 + イ = 20

❹ よって、イ = 20 − 13.5となり、イ = 6.5

❺ 次に、ア = 20 − 4.8 + 7.5 + 6.5 = 1.2

❻ 次に、ウ = 20 − 3.8 + 1.2 + 6.5 = 8.5

❼ 次に、エ = 20 − 2.2 + 7.5 + 4.8 = 5.5

JUMP 小数ボックス

問1

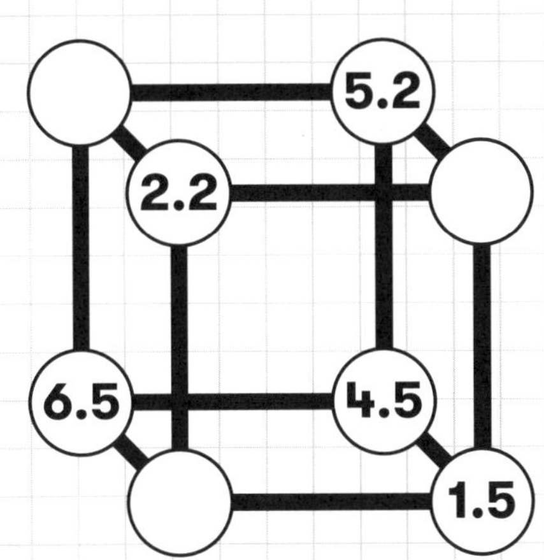

問2

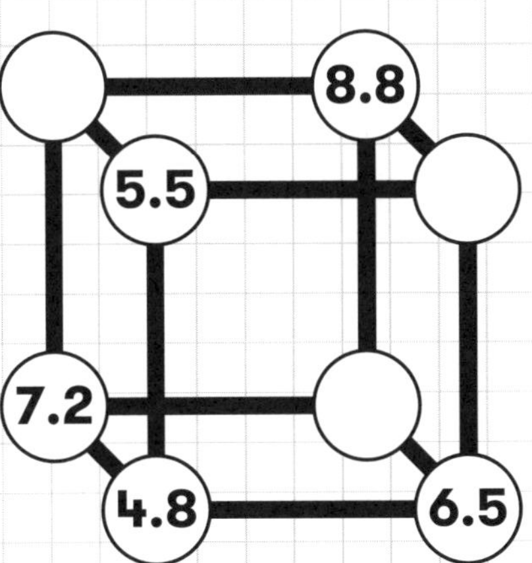

問 3

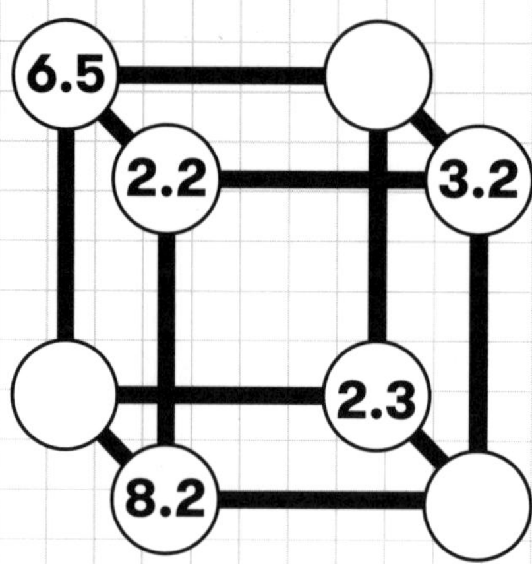
6.5
2.2
3.2
2.3
8.2

問 4

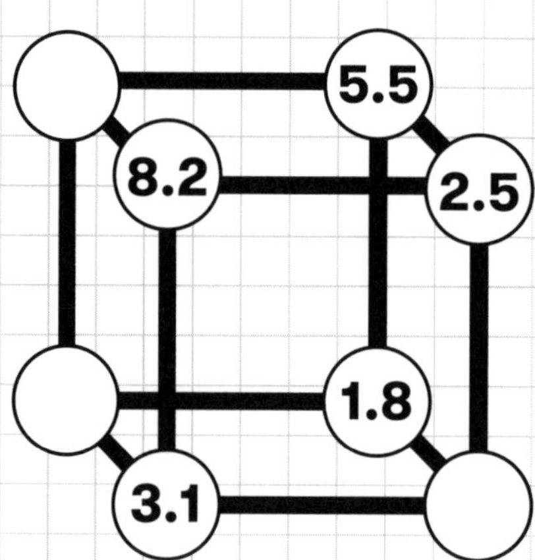
5.5
8.2
2.5
1.8
3.1

パズル

STEP 小数(しょうすう)てんびん

ルール

❶ □の中(なか)に、0.1～0.9の小数(しょうすう)を入(い)れましょう。

❷ 0.1～0.9は1回(かい)ずつしか入(い)れられません。

❸ おもりは、重(おも)い順(じゅん)にしか重(かさ)ねられません。

❹ てんびんは、合計(ごうけい)した数(かず)が等(ひと)しいときにつり合(あ)います。

解答と解き方

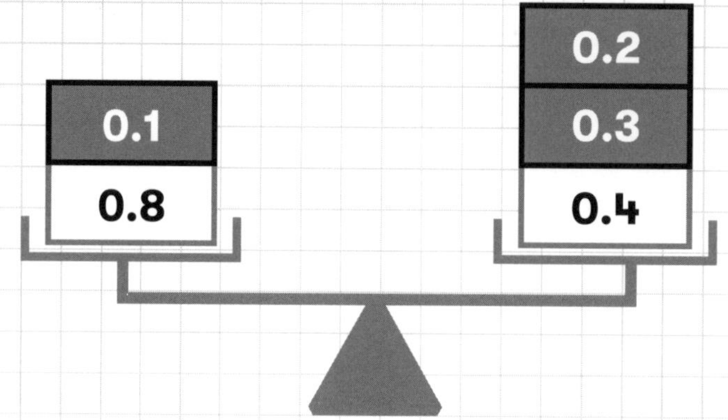

❶ ルール④より、てんびんはつり合っているので、左右のおもりの合計は等しくなります。

❷ また、ルール③より、おもりは重い順にしかのせられないため、右側の0.4のおもりの上には、0.1、0.2、0.3のどれかしかのりません。

❸ 以上のことをふまえて、左右のおもりの合計が等しくなるように考えると、答えは上の図のようになります。

❹「0.1＋0.8＝0.2＋0.3＋0.4＝0.9」です。

パズル

JUMP 小数てんびん

問1

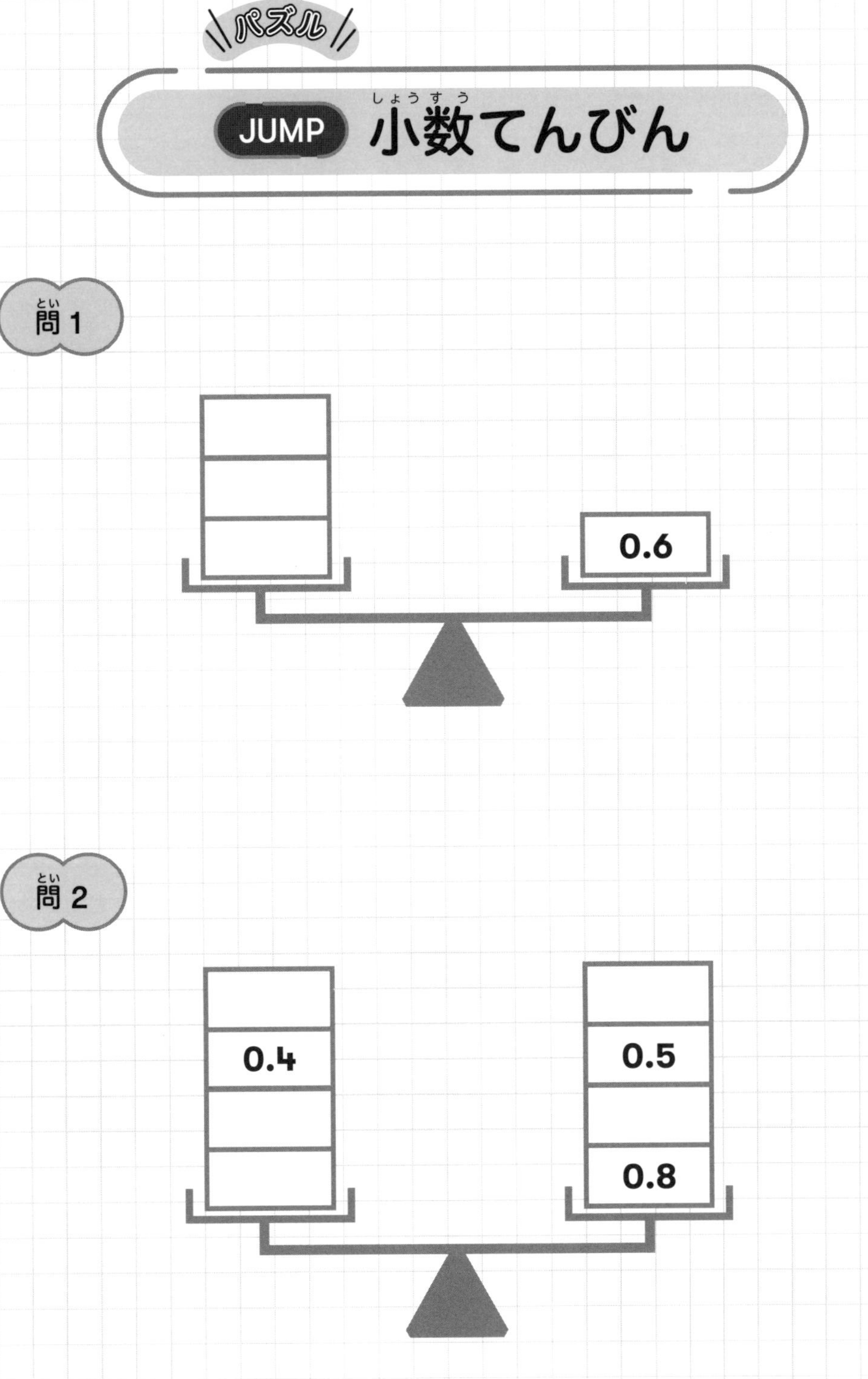

問3

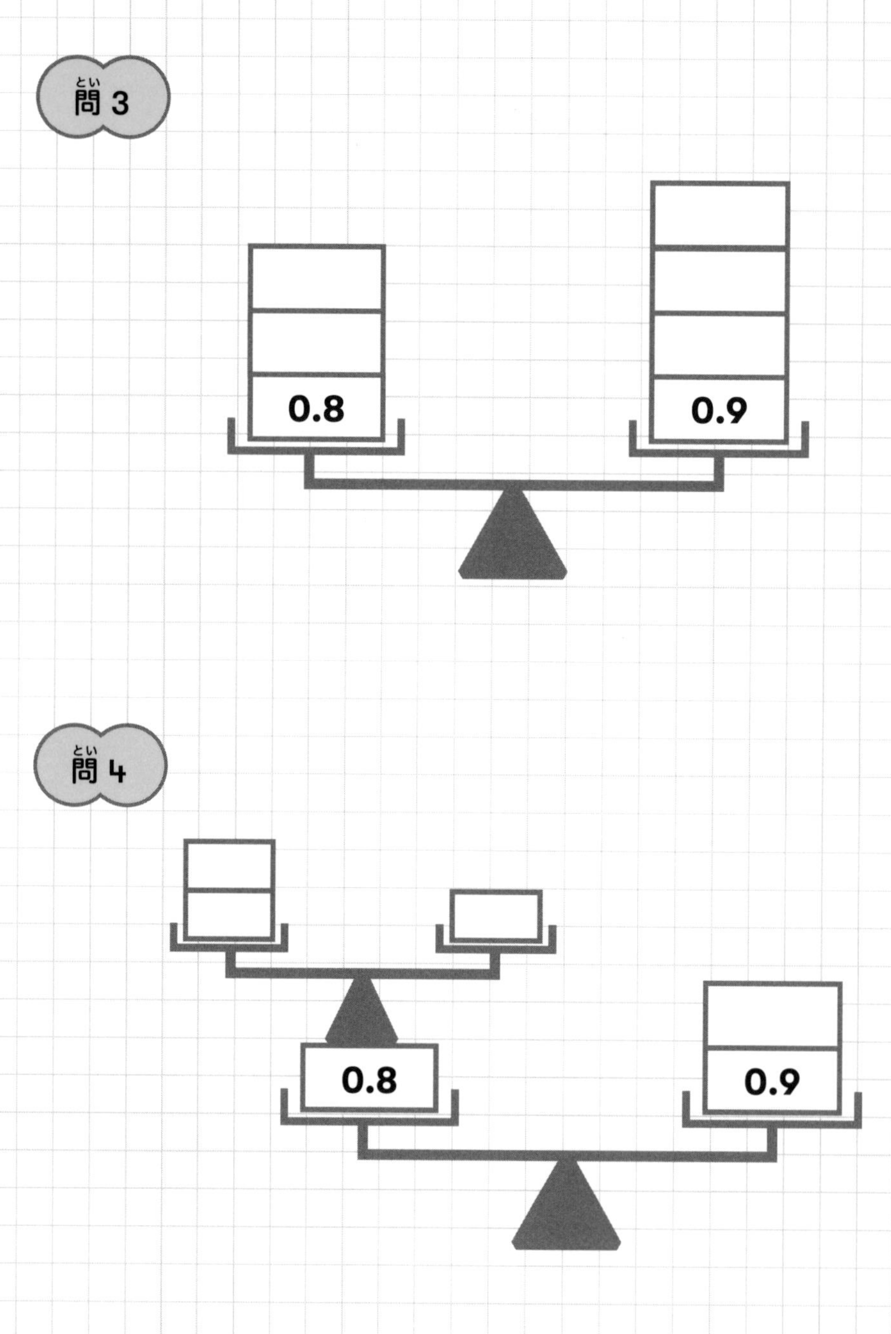

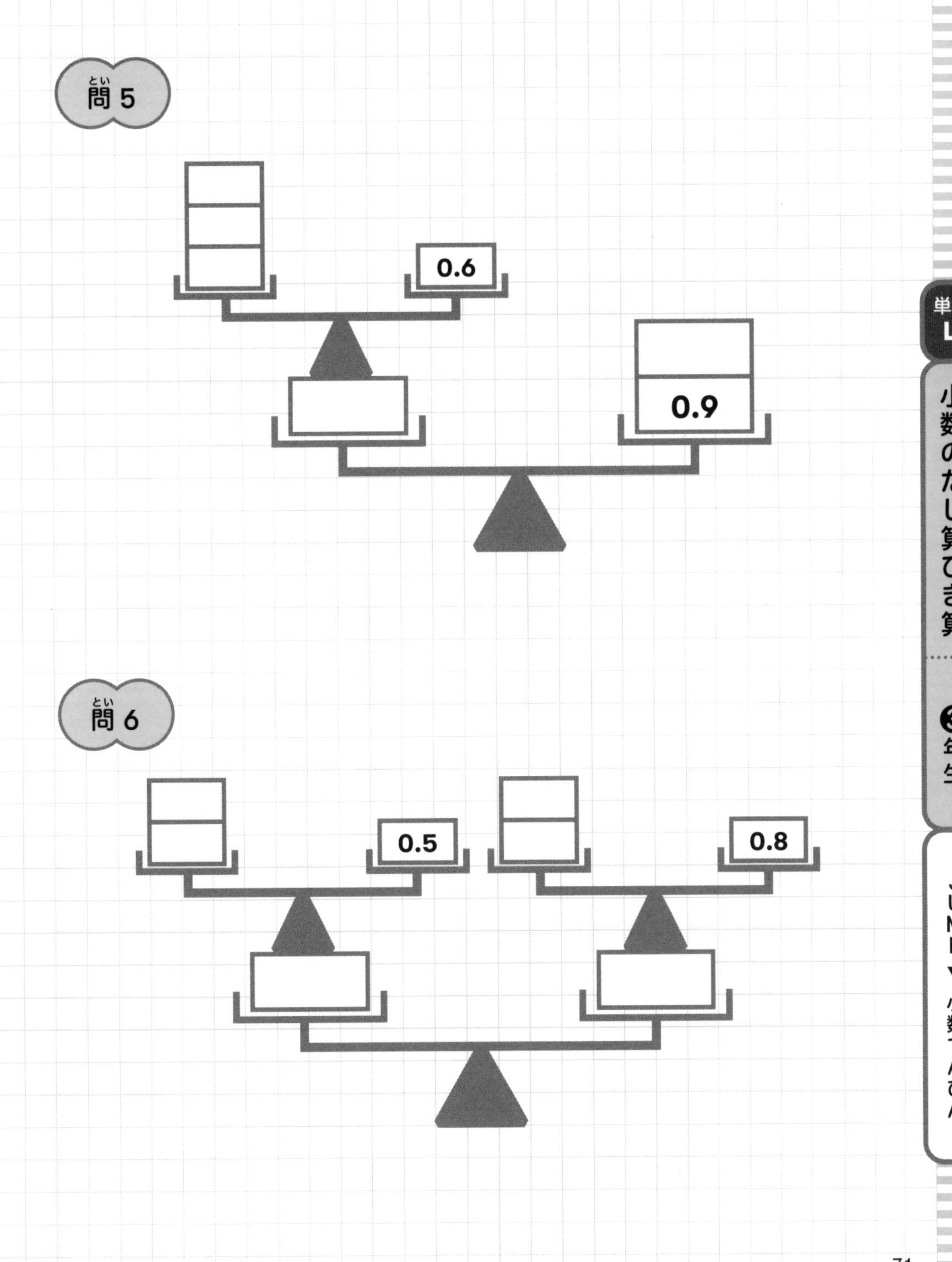

問5
0.6
0.9
問6
0.5
0.8

力だめし ＆ JUMPの解答

力だめし

問1

（1）ア…6、イ…9、ウ…3

（2）842個　（3）5000個

問2　エ、オ、ア、イ、ウ

問3

（1）10.95　（2）6.99

（3）1.59　（4）33.71

問4　0.82＋3.78＝4.6kg

問5

（1）6.19　（2）2.06

（3）0.63　（4）0.09

問6　8.94－3.28＝5.66L

JUMP／小数ボックス

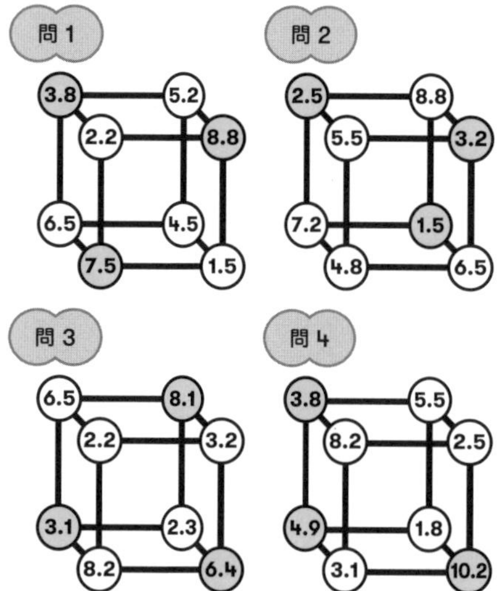

JUMP／小数てんびん

問1

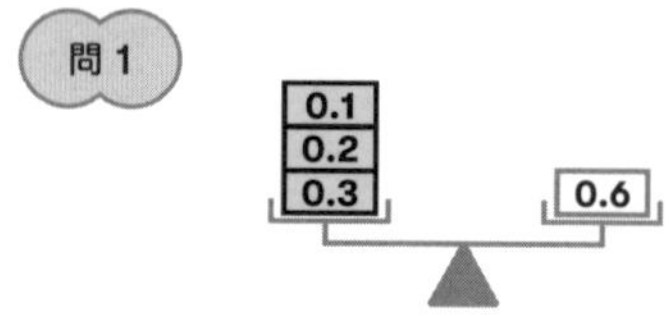

問2

問3

問4

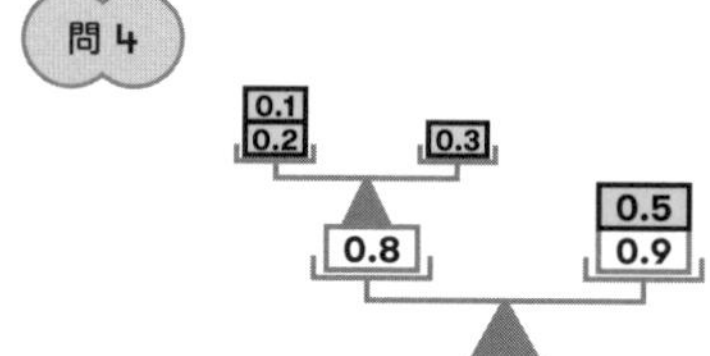

問5

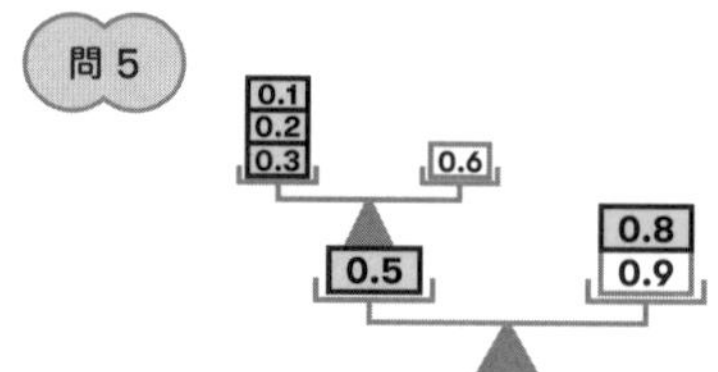

問6

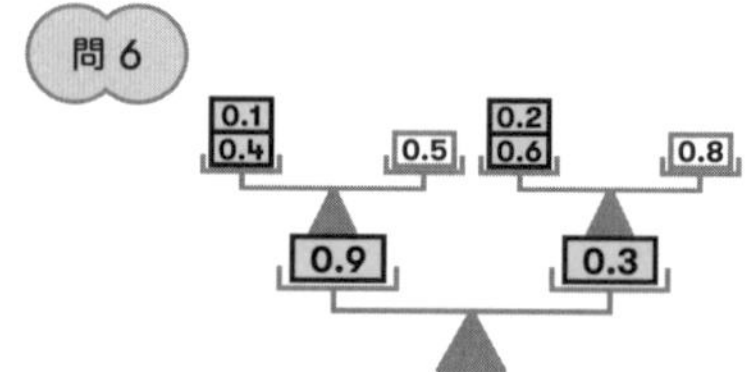

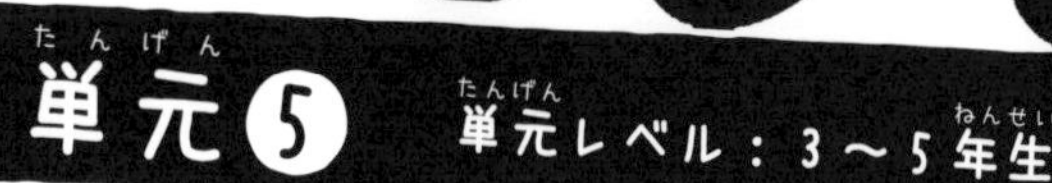

分数

この単元のゴール

- ▶分母と分子の意味をしっかり理解する
- ▶分数の種類を理解する

HOP 単元のまとめ

1 分数とは

$\frac{1}{2}$ や $\frac{3}{5}$ のような、分子と分母で表される数のことをいいます。

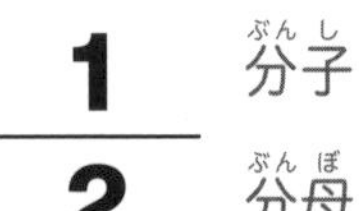

$\frac{1}{2}$ 分子／分母

母が子を背負っているから
分子が上、分母が下

横線の上と下に数を書きます。
上の数を分子、下の数を分母といい、
分子を分母で割った数を表したもの
でもあります。

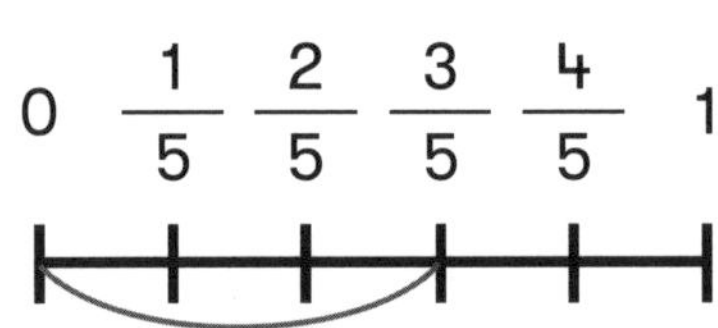

例えば $\frac{3}{5}$ は、

1を　5等分（分母）　したうちの　3つ分（分子）。

2 分数の種類

真分数 … 分子が分母よりも小さい分数

例 $\frac{4}{5}$、$\frac{3}{14}$、$\frac{29}{32}$

仮分数 … 分子が分母と等しい分数
または、分子が分母より大きい分数

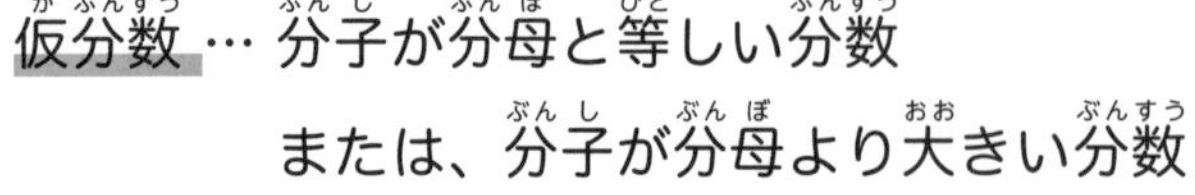

例 $\frac{7}{7}$、$\frac{23}{12}$

帯分数 … 整数と、真分数の和になっている分数

例 $1\frac{2}{9}$、$3\frac{7}{16}$

$1\frac{2}{9}$ は、整数 1 と、真分数の $\frac{2}{9}$ の和になっている。仮分数で表すと、$\frac{11}{9}$

3 仮分数を帯分数または整数に直す方法

まず、分子÷分母をします。

❶あまりが出る場合は帯分数に、❷わり切れる場合は整数に直します。

❶ あまりが出る場合

例 $\frac{13}{4}$ を帯分数に直す

分子 分母 商 あまり

13 ÷ 4 = 3 あまり 1

商 $\frac{\text{あまり}}{\text{分母}}$ の形にする

$\frac{13}{4} = 3\frac{1}{4}$

仮分数 帯分数

❷ わり切れる場合

例 $\frac{12}{6}$ を整数に直す

分子 分母 商

12 ÷ 6 = 2

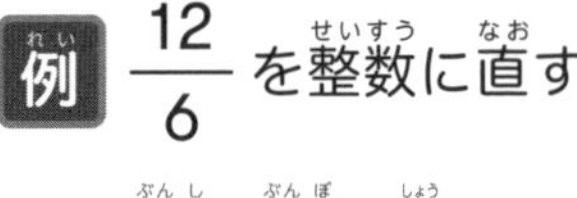

$\frac{12}{6} = 2$

仮分数 整数

4 帯分数を仮分数に直す方法

$○\frac{△}{□} = \frac{○×□+△}{□}$

○×□+△ ―― 整数部分×分母に分子をたす

□ ―― 分母はそのまま

帯分数 仮分数

例 $3\frac{5}{6}$ を仮分数に直す　$\frac{3×6+5}{6} = \frac{23}{6}$

5 約分とは

分数の分母と分子を同じ約数（＝公約数）で割って、値を変えないでかんたんな形の分数にすることを「約分」といいます。
分母と分子の最大公約数でそれぞれを割れば、もっとも簡単な分数にすることができます。

例 $\frac{56}{120}$ を約分する

$\frac{56}{120}$ ── 56 = 7 × **8**、120 = 15 × **8**（同じ約数）

分母120と分子56の最大公約数は**8**です。

なので、$\frac{56}{120}$ を約分すると $\frac{7}{15}$ となります。

6 通分とは

2つ以上の分数を、分母が同じになるように、それらの分数の値を変えないでそろえることを「通分」といいます。
それぞれの分母の最小公倍数を分母にすることで、通分できます。

例 $\frac{5}{8}$ と $\frac{9}{14}$ を通分する

分母の8と14の最小公倍数は56なので、分母を56にそろえます。

$$\frac{5}{8}=\frac{5\times 7}{8\times 7}=\frac{35}{56}$$

分数の値は変えない

$$\frac{9}{14}=\frac{9\times 4}{14\times 4}=\frac{36}{56}$$

分数の値は変えない

7 分数の足し算、引き算

❶ 分母が同じ分数のとき

$\frac{3}{8}+\frac{9}{8}$

$=\frac{12}{8}$ 分子を計算する 分母はそのまま

$=1\frac{4}{8}$ 帯分数に直す

$=1\frac{1}{2}$ 約分する

$5\frac{11}{21}-2\frac{26}{21}$

$=4\frac{32}{21}-2\frac{26}{21}$ 11－26はできないので帯分数を繰り下げる

$=2\frac{6}{21}$ 整数と分子はそれぞれ計算

$=2\frac{2}{7}$ 約分する

❷ 分母が違う分数のとき

$7\frac{19}{24}+6\frac{23}{72}$

$=7\frac{57}{72}+6\frac{23}{72}$ 通分する

$=13\frac{80}{72}$ 整数と分子はそれぞれ計算

$=14\frac{8}{72}$ 帯分数を繰り上げる

$=14\frac{1}{9}$ 約分する

$\frac{8}{11}-\frac{2}{3}$

$=\frac{24}{33}-\frac{22}{33}$ 通分する

$=\frac{2}{33}$ 分子を計算する

力だめし

問1　次の仮分数を帯分数か整数に、帯分数は仮分数に直しましょう。

（1）$\frac{30}{9}$　　（2）$\frac{80}{16}$　　（3）$3\frac{4}{15}$

問2　次の分数を通分しましょう。

（1）$\frac{2}{10}$ と $\frac{18}{35}$　　（2）$\frac{3}{28}$ と $\frac{1}{14}$ と $\frac{2}{21}$

問3　次の計算をしましょう。

（1）$3\frac{3}{18}+6\frac{18}{30}=$　　（2）$8\frac{3}{32}-4\frac{18}{24}=$

STEP 分数てんびん

ルール

❶ □にあてはまる数字を▭の中からえらびましょう。

❷ てんびんの左右のお皿は、数の大きい方が下がります。

❸ てんびんの土台の数字は、左右のお皿の差を表しています。

❹ すべての分数は、それ以上約分できません。

例 $\frac{1}{2}$ $\frac{1}{3}$ $\frac{1}{6}$

$$\frac{1}{2}-\frac{1}{3}=\frac{3}{6}-\frac{2}{6}=\frac{1}{6}$$

1　2　3　5　6

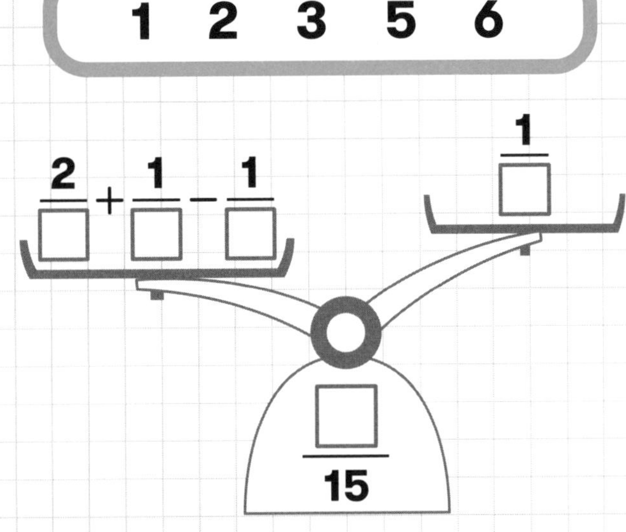

単元5 分数 ❸〜❺年生 STEP▼分数てんびん

解答と解き方

1　2　3　5　6

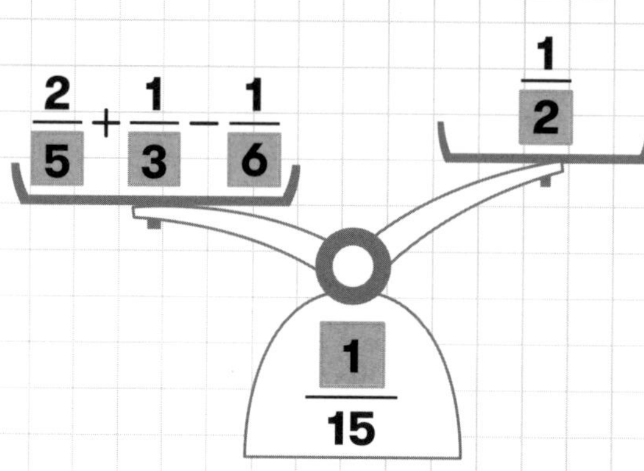

❶ 左側の天びんが下がっているので、左側の式の答えの方が大きくなることに注意しながら考えていきます。

❷ 通分されているので、1 は $\frac{1}{15}$ にしか入りません。

❸ 左右の差が $\frac{1}{15}$ になるように、□に数字をあてはめていきましょう。

❹ 答えは、上のようになります。

$$\frac{2}{5}+\frac{1}{3}-\frac{1}{6}-\frac{1}{2}\overset{\text{通分}}{=}\frac{12}{30}+\frac{10}{30}-\frac{5}{30}-\frac{15}{30}$$

$$=\frac{2}{30}$$

$$\overset{\text{約分}}{=}\frac{1}{15}$$

パズル

JUMP 分数てんびん

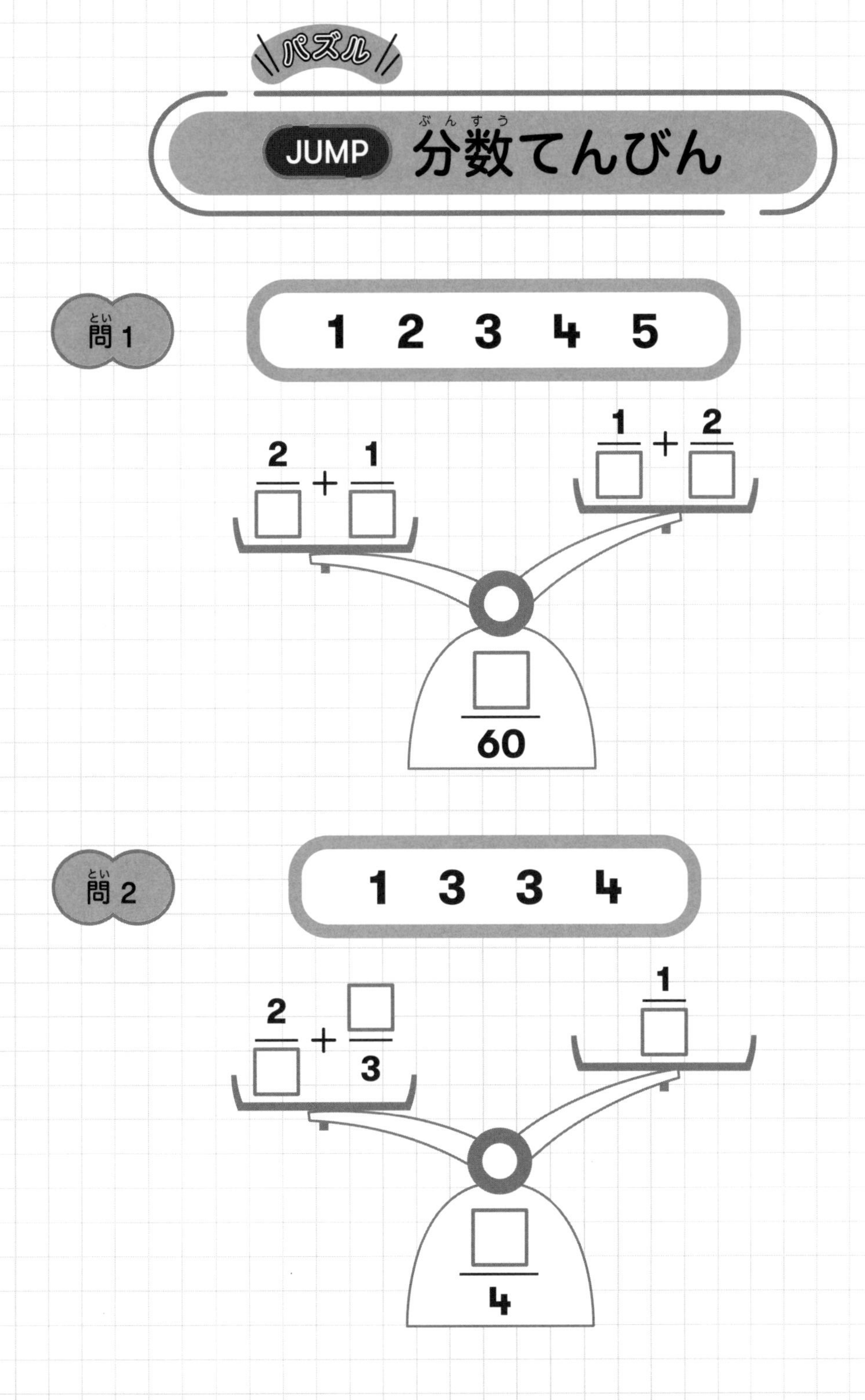

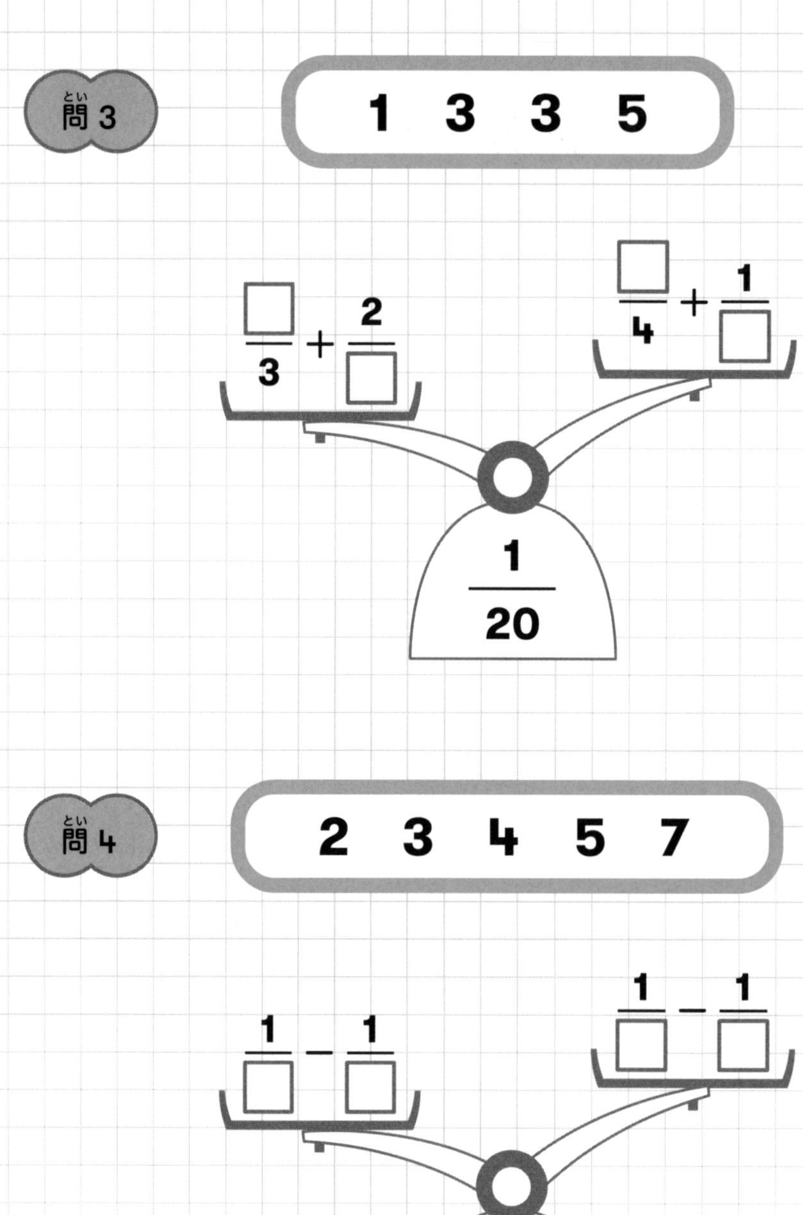

問3
1 3 3 5
□/3 + 2/□
□/4 + 1/□
1/20
問4
2 3 4 5 7
1/□ − 1/□
1/□ − 1/□
□/60

パズル

STEP 分数まほうじん

ルール

❶ □にあてはまる数を書きましょう。

❷ このまほうじんは、たて、よこ、ななめ、それぞれの列の合計が1になります。

❸ すべての分数はそれ以上約分できません。

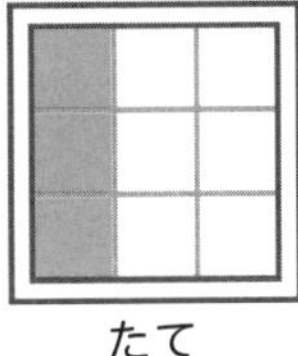

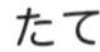
たて

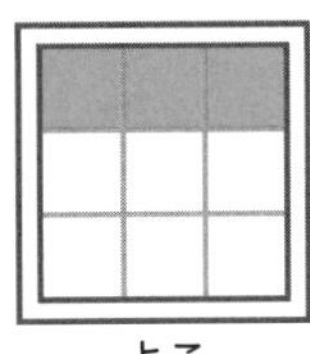
よこ

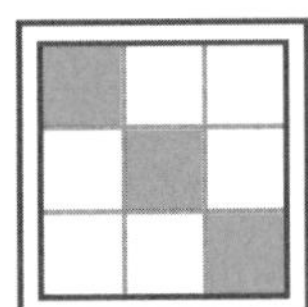
ななめ

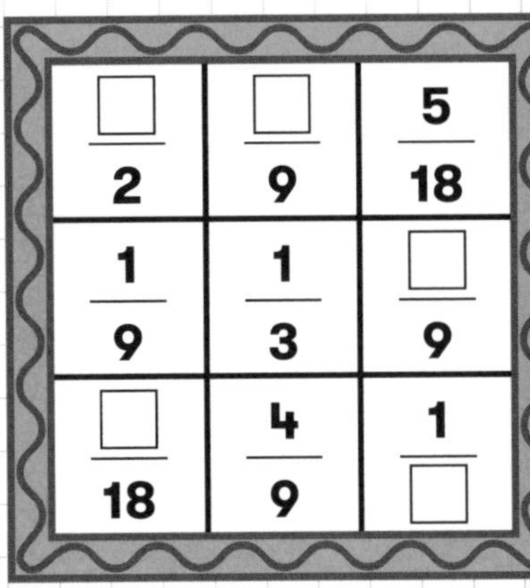

解答と解き方

ア/2	イ/9	5/18
1/9	1/3	ウ/9
エ/18	4/9	1/オ

1/2	2/9	5/18
1/9	1/3	5/9
7/18	4/9	1/6

3マス×3マスなので、たて、よこ、ななめ、それぞれ3つの数のたし算になります。2つの数がわかっている列から順に考えていきます。

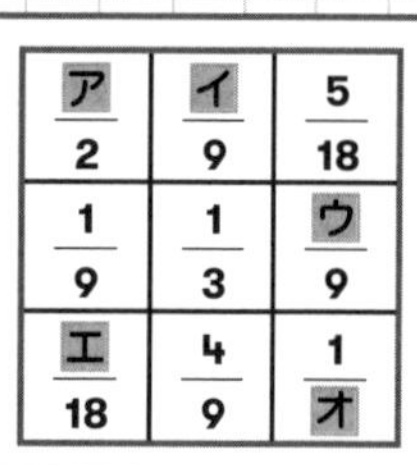

ア/2	イ/9	5/18
1/9	1/3	ウ/9
エ/18	4/9	1/オ

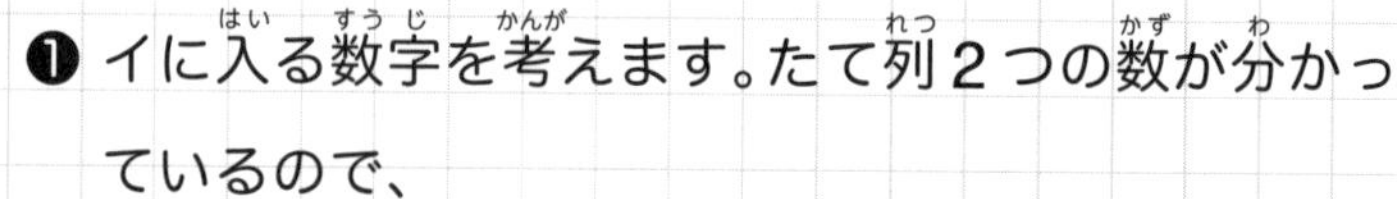

❶ イに入る数字を考えます。たて列2つの数が分かっているので、

$$1-\frac{1}{3}-\frac{4}{9}=\frac{9}{9}-\frac{3}{9}-\frac{4}{9}$$

$$=\frac{2}{9}$$

よって、イには2が入ります。

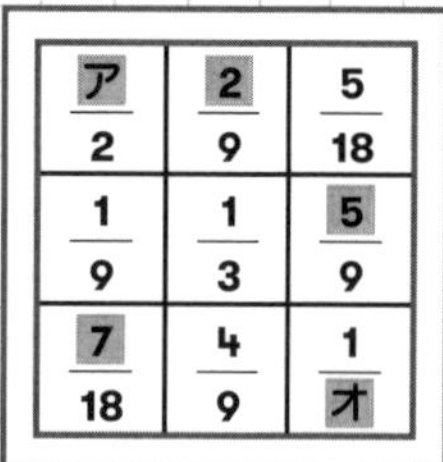

ア/2	2/9	5/18
1/9	1/3	5/9
7/18	4/9	1/オ

❷ 同じようによこ列を使ってウを、ななめ列を使ってエを求めます。

❸ イ、ウ、エの数が求められたので、それらの数を使って、アとオも求めます。

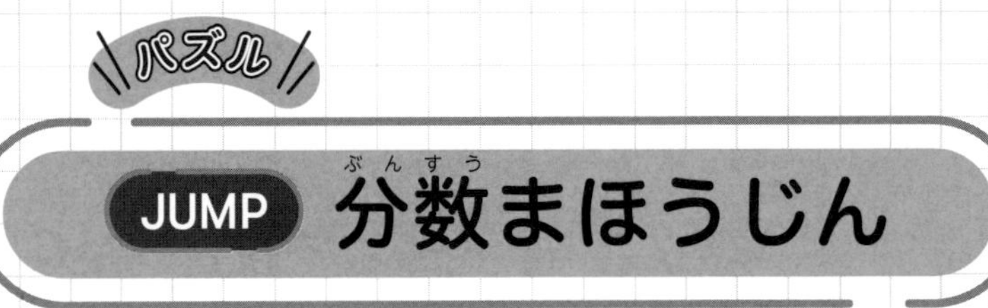

問1

$\frac{□}{9}$	$\frac{11}{18}$	$\frac{□}{6}$
$\frac{□}{18}$	$\frac{1}{3}$	$\frac{7}{18}$
$\frac{1}{2}$	$\frac{□}{18}$	$\frac{□}{9}$

問2

$\frac{1}{8}$	$\frac{7}{12}$	$\frac{□}{24}$
$\frac{1}{2}$	$\frac{□}{3}$	$\frac{□}{6}$
$\frac{□}{8}$	$\frac{1}{12}$	$\frac{□}{24}$

問3

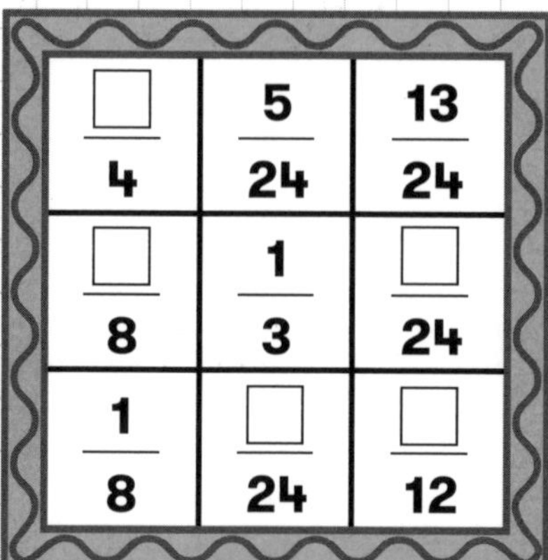

$\frac{□}{4}$	$\frac{5}{24}$	$\frac{13}{24}$
$\frac{□}{8}$	$\frac{1}{3}$	$\frac{□}{24}$
$\frac{1}{8}$	$\frac{□}{24}$	$\frac{□}{12}$

問4

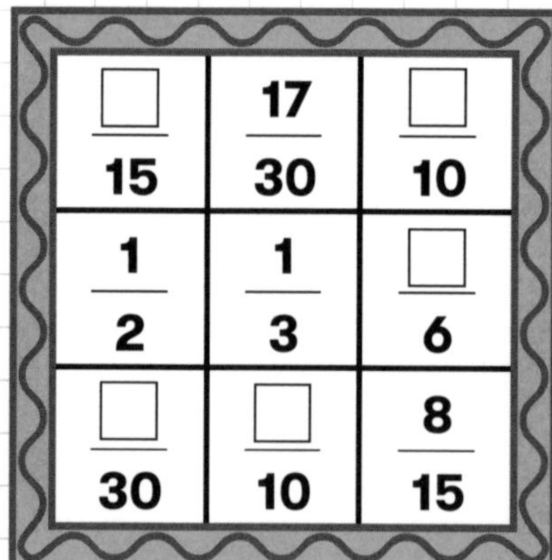

$\frac{□}{15}$	$\frac{17}{30}$	$\frac{□}{10}$
$\frac{1}{2}$	$\frac{1}{3}$	$\frac{□}{6}$
$\frac{□}{30}$	$\frac{□}{10}$	$\frac{8}{15}$

問5

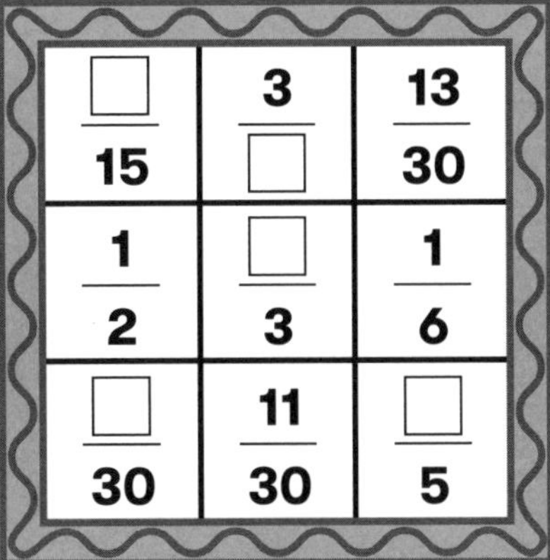

$\frac{\square}{15}$	$\frac{3}{\square}$	$\frac{13}{30}$
$\frac{1}{2}$	$\frac{\square}{3}$	$\frac{1}{6}$
$\frac{\square}{30}$	$\frac{11}{30}$	$\frac{\square}{5}$

問6

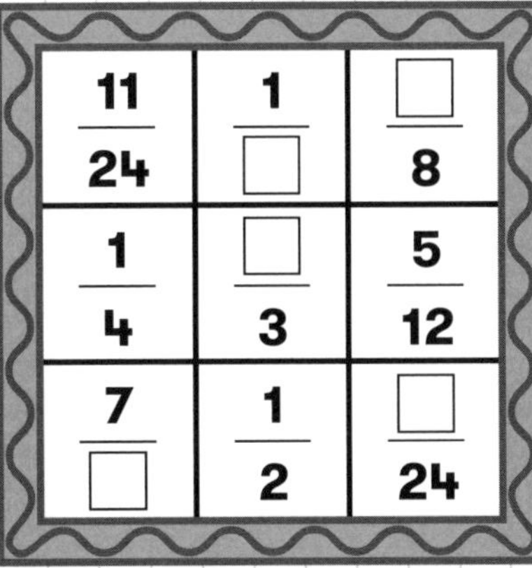

$\frac{11}{24}$	$\frac{1}{\square}$	$\frac{\square}{8}$
$\frac{1}{4}$	$\frac{\square}{3}$	$\frac{5}{12}$
$\frac{7}{\square}$	$\frac{1}{2}$	$\frac{\square}{24}$

力(ちから)だめし & JUMPの解答(かいとう)

力だめし

問1

（1） $3\frac{1}{3}$　（2） 5　（3） $\frac{49}{15}$

問2

（1） $\frac{14}{70}$ と $\frac{36}{70}$

（2） $\frac{9}{84}$ と $\frac{6}{84}$ と $\frac{8}{84}$

問3

（1） $9\frac{23}{30}$　（2） $3\frac{11}{32}$

JUMP／分数てんびん

問1　**問2**

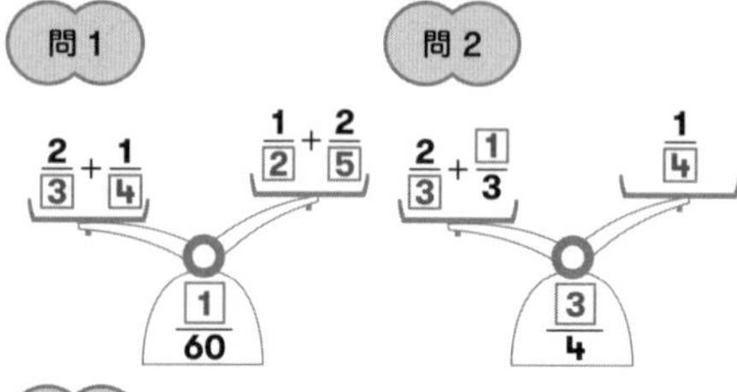

問3

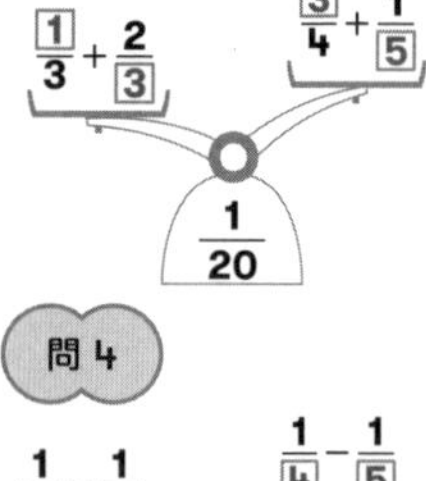

問4

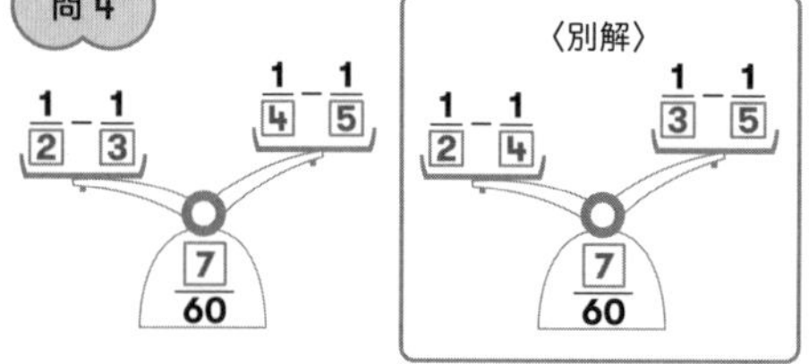

JUMP／分数まほうじん

問1

$\frac{\boxed{2}}{9}$	$\frac{11}{18}$	$\frac{\boxed{1}}{6}$
$\frac{\boxed{5}}{18}$	$\frac{1}{3}$	$\frac{7}{18}$
$\frac{1}{2}$	$\frac{\boxed{1}}{18}$	$\frac{\boxed{4}}{9}$

問2

$\frac{1}{8}$	$\frac{7}{12}$	$\frac{\boxed{7}}{24}$
$\frac{1}{2}$	$\frac{\boxed{1}}{3}$	$\frac{\boxed{1}}{6}$
$\frac{\boxed{3}}{8}$	$\frac{1}{12}$	$\frac{\boxed{13}}{24}$

問3

$\frac{\boxed{1}}{4}$	$\frac{5}{24}$	$\frac{13}{24}$
$\frac{\boxed{5}}{8}$	$\frac{1}{3}$	$\frac{\boxed{1}}{24}$
$\frac{1}{8}$	$\frac{\boxed{11}}{24}$	$\frac{\boxed{5}}{12}$

問4

$\frac{\boxed{2}}{15}$	$\frac{17}{30}$	$\frac{\boxed{3}}{10}$
$\frac{1}{2}$	$\frac{1}{3}$	$\frac{\boxed{1}}{6}$
$\frac{\boxed{11}}{30}$	$\frac{\boxed{1}}{10}$	$\frac{8}{15}$

問5

$\frac{\boxed{4}}{15}$	$\frac{3}{\boxed{10}}$	$\frac{13}{30}$
$\frac{1}{2}$	$\frac{\boxed{1}}{3}$	$\frac{1}{6}$
$\frac{\boxed{7}}{30}$	$\frac{11}{30}$	$\frac{\boxed{2}}{5}$

問6

$\frac{11}{24}$	$\frac{1}{\boxed{6}}$	$\frac{\boxed{3}}{8}$
$\frac{1}{4}$	$\frac{\boxed{1}}{3}$	$\frac{5}{12}$
$\frac{7}{\boxed{24}}$	$\frac{1}{2}$	$\frac{\boxed{5}}{24}$

単元6 単元レベル：5年生

□を使った式

この単元のゴール

▶文章を理解し、□などの記号を使って式を組み立てられるようになる

HOP 単元のまとめ

16本のササを兄と妹のふたりで分けるとき、兄のササの本数を□本とすると、
「妹のササの本数＝16－□」と表せます。
なので、兄のササの本数が7本のとき、
妹のササの本数は16－7より、9本となります。

1個120円のりんごを□個買うと、
代金＝120×□　と表せます。
なので、りんごを12個買ったとき、代金は120×12より1440円となります。

100gのお皿に1個20gのタケノコを□個のせると、
「全体の重さ＝100＋20×□」と表せます。
なので、タケノコを8個のせたとき、
全体の重さは100＋20×8より260gとなります。

面積が30㎠の長方形で、縦が6㎝のとき、
横の長さを□㎝とすると、長方形の面積＝縦の長さ×横の長さなので
「30＝6×□」と表せます。
このとき、横の長さは5㎝とわかります。

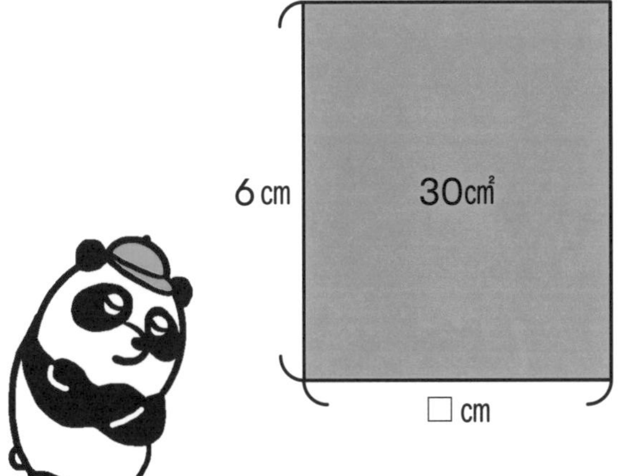

力(ちから)だめし

問(とい)1　次(つぎ)の□にあてはまる数(かず)を書(か)きましょう。

（1）□＋5＝16

□＝

（2）□＋9＝32

□＝

（3）□＋12＝91

□＝

（4）□＋3＝10

□＝

（5）2＋□＝19

□＝

（6）31＋□＝83

□＝

（7）81＋□＝131

□＝

（8）94＋□＝212

□＝

次の□に当てはまる数を、式を立てて求めましょう。

（1）面積が32㎠の四角形があります。
横の長さは4cmです。縦の長さは何cmですか。
□を使って求めましょう。

（2）1個あたりの重さが分からないタケノコがあります。
そのタケノコ9個の重さをはかったところ、合計855gでした。
タケノコ1個あたりの重さは何gですか。
□を使って求めましょう。

(3) 121gのお皿に、1枚23gのササの葉を何枚かのせて、
重さをはかったら397gでした。
ササの葉を何枚お皿にのせましたか。□を使って求めましょう。

(4) 1個145円のりんごを何個か買ったら、合計1305円でした。
りんごは何個買いましたか。□を使って求めましょう。

パズル

STEP ○□虫くい算

動画もあるよ！

ルール

❶ 下の計算の空欄をうめて計算を完成させましょう。

❷ ○は偶数、□には奇数が入ります。

❸ ただし、同じ数字は1問につき1度しか使えません。

例

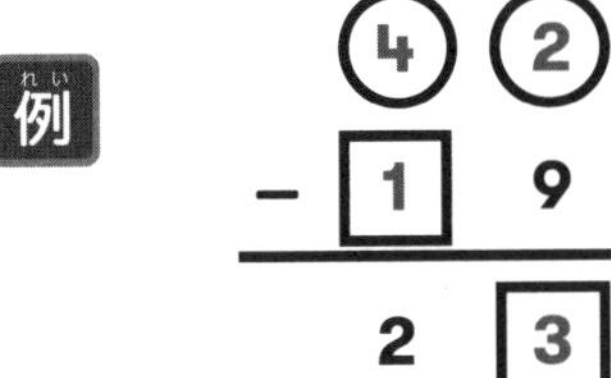

1、2、3、4、5をつかう

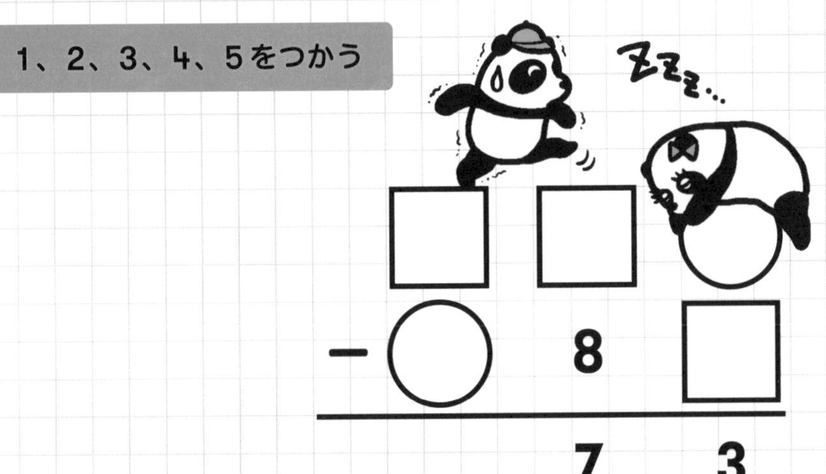

解答と解き方

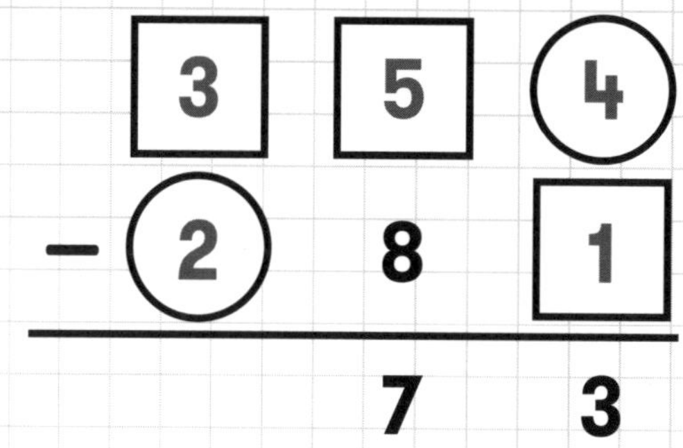

❶ 条件に注意しながら、式が成り立つように数字を入れましょう。

❷ まず、上の段のまん中にある□から考えます。
8を引いて7になるためには、
「15－8＝7」となり、□は5に決まります。

❸ 次に、上の段の右の○を考えます。
偶数は2か4しかなく、引いて3にするためには
「4－1＝3」しかないため、□は4に決まり、
その下の□は1になります。

❹ 最後に左はしは□＝3、○＝2となります。

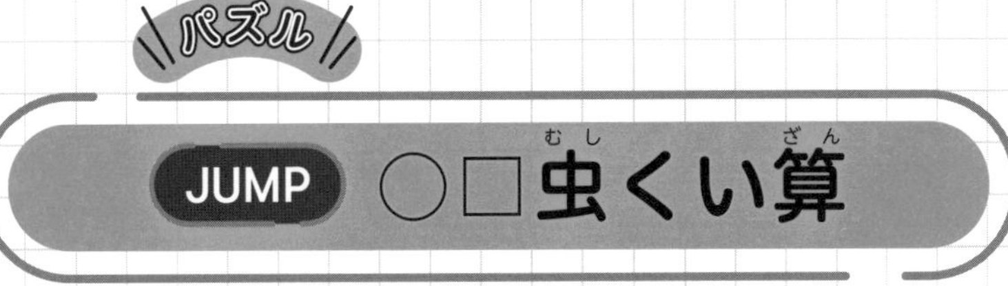

問1　2、3、4、5をつかう

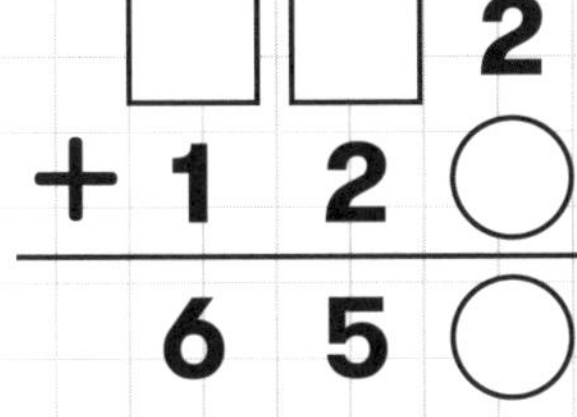

問2　5、6、7、8をつかう

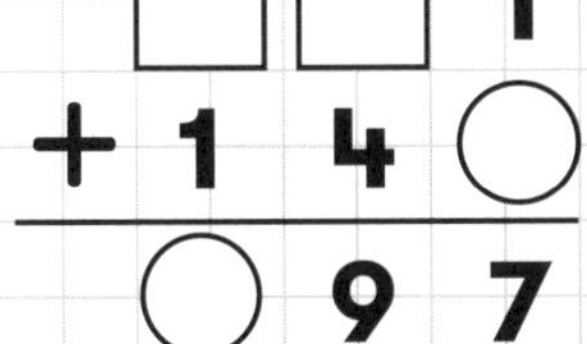

問3　3、4、5、6をつかう

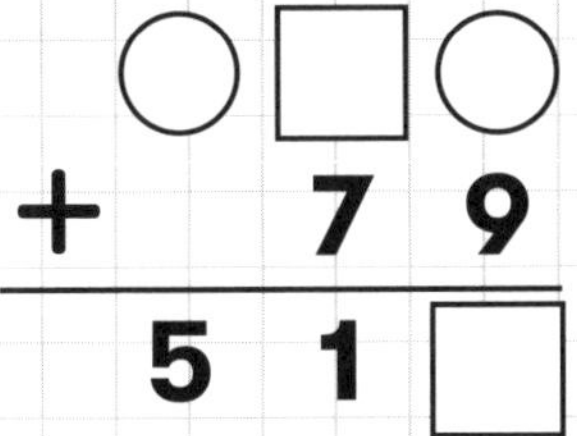

問4 1、2、3、4をつかう

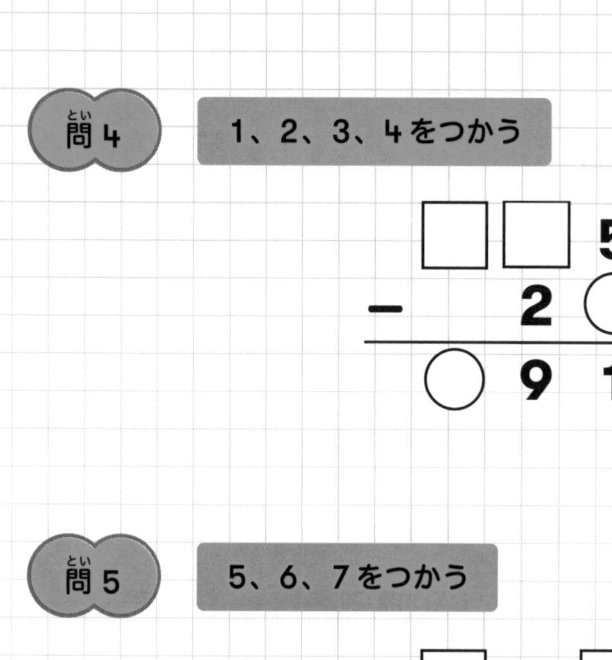

問5 5、6、7をつかう

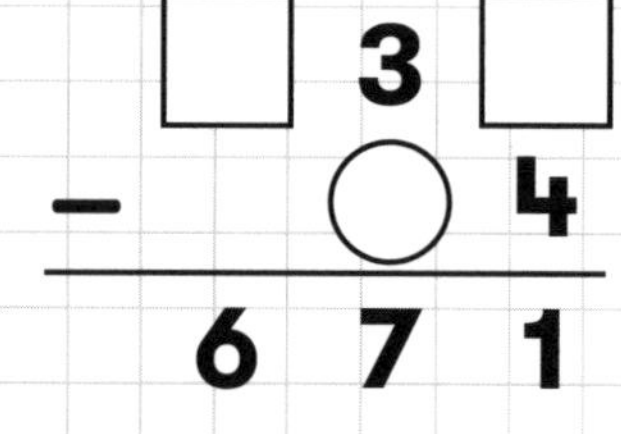

問6 1、2、3、4をつかう

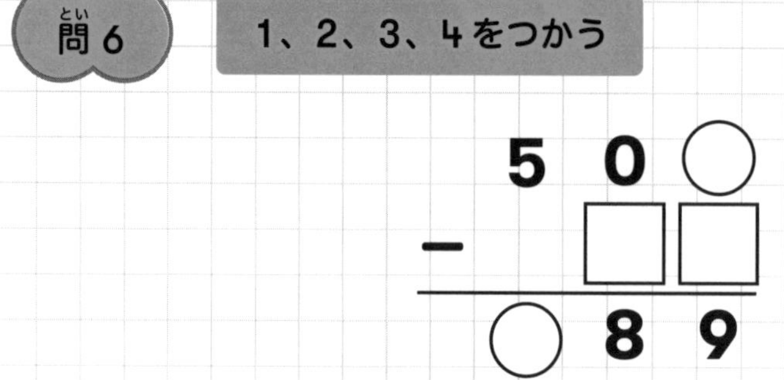

パズル

STEP ゼッケンパズル

動画もあるよ！

ルール

❶ 4ひきのくまさんが、手をつないでダンスをしています。
くまさんはそれぞれ、0～9までのゼッケンをつけています。

❷ ダンスが始まる前にそれぞれタテ列のゼッケン番号をたすと〈図1〉の数になり、ダンスがおわった後にそれぞれのタテ列のゼッケン番号をたすと〈図2〉の数になりました。

❸ それぞれのくまさんたちのゼッケン番号を書きこみましょう。

〈図1〉　〈図2〉

解答と解き方

〈図1〉　　〈図2〉

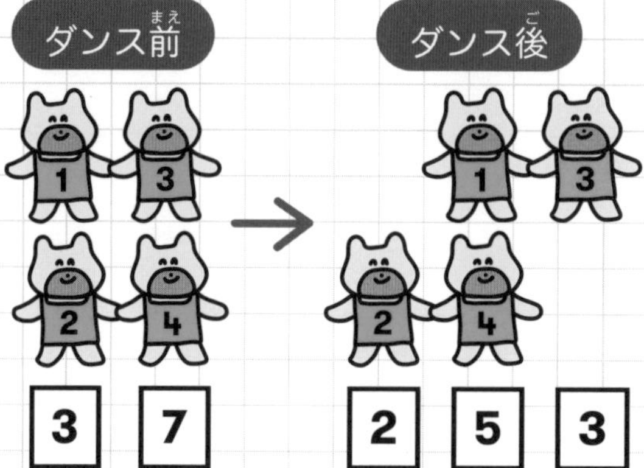

❶

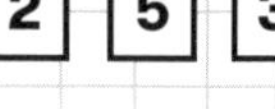

❶〈図2〉に注目します。たて列のゼッケンを足し合わせるので、〈図2〉の右上は**3**、左下は**2**であることがわかります。

❷〈図1〉の右上のくまさんは〈図2〉の右上のくまさんなので**3**に、〈図1〉の左下のくまさんは〈図2〉の左下のくまさんなので**2**になります。

❸〈図1〉の左上と右上の数がわかったので、□の式を使って左上と右下のゼッケンを求めます。

□＋2＝3　　3＋□＝7

　□＝**1**　　　□＝**4**

❹最後に、③で求めた数を〈図2〉の対応するくまさんにあてはめます。

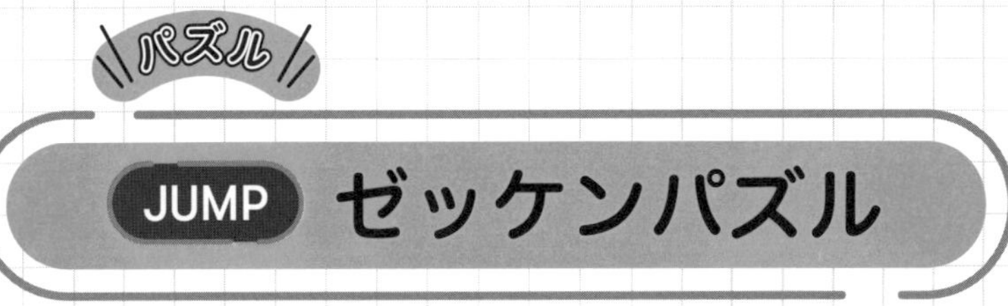

問1

〈図1〉

ダンス前

2 9

〈図2〉

ダンス後

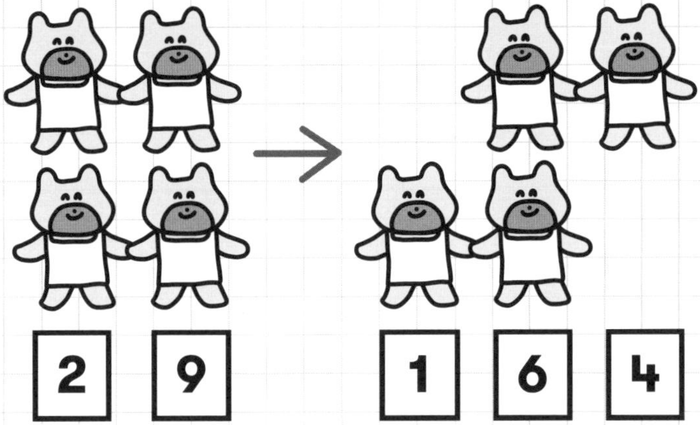

1 6 4

問2

〈図1〉

ダンス前

4 15

〈図2〉

ダンス後

1 11 7

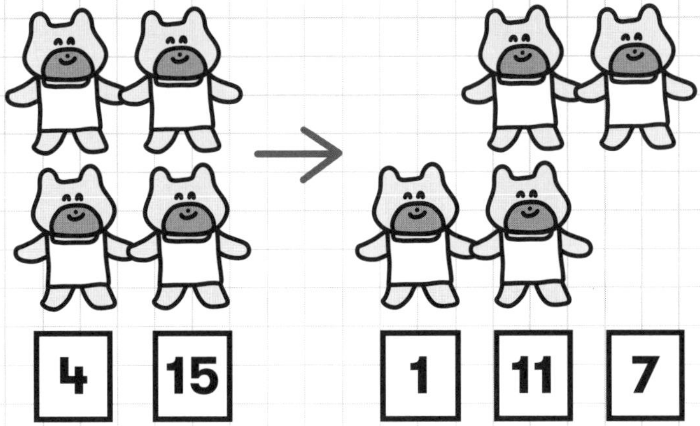

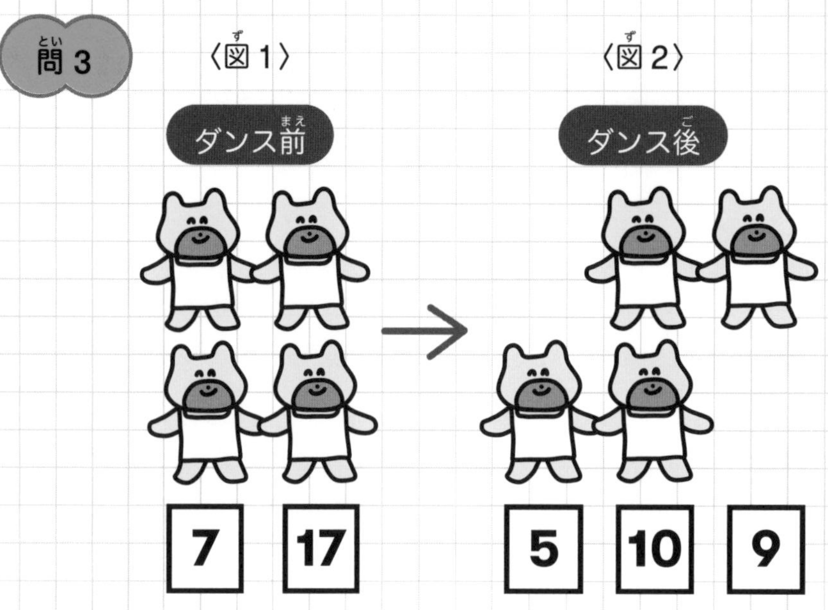
問3
〈図1〉
〈図2〉
ダンス前
ダンス後
7
17
5
10
9

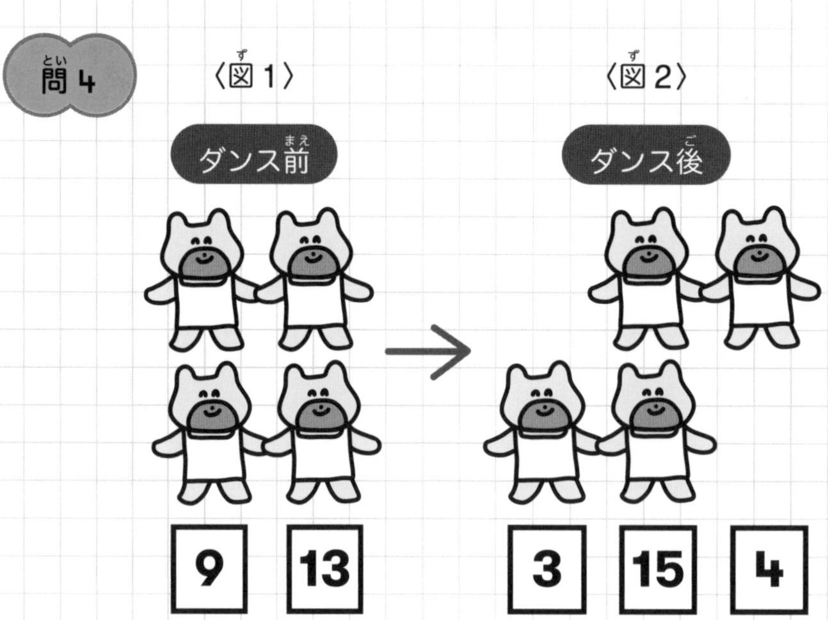
問4
〈図1〉
〈図2〉
ダンス前
ダンス後
9
13
3
15
4

問 5

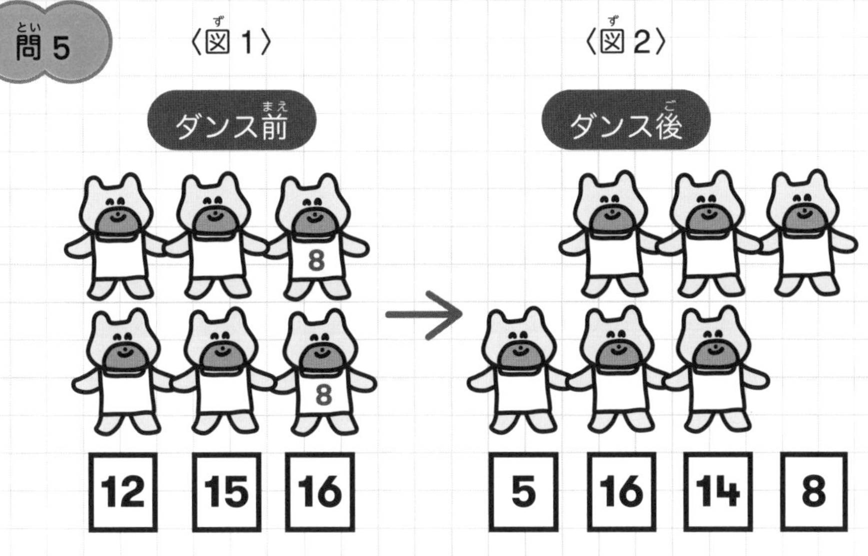
〈図1〉
ダンス前
8
8
12
15
16
〈図2〉
ダンス後
5
16
14
8

問 6

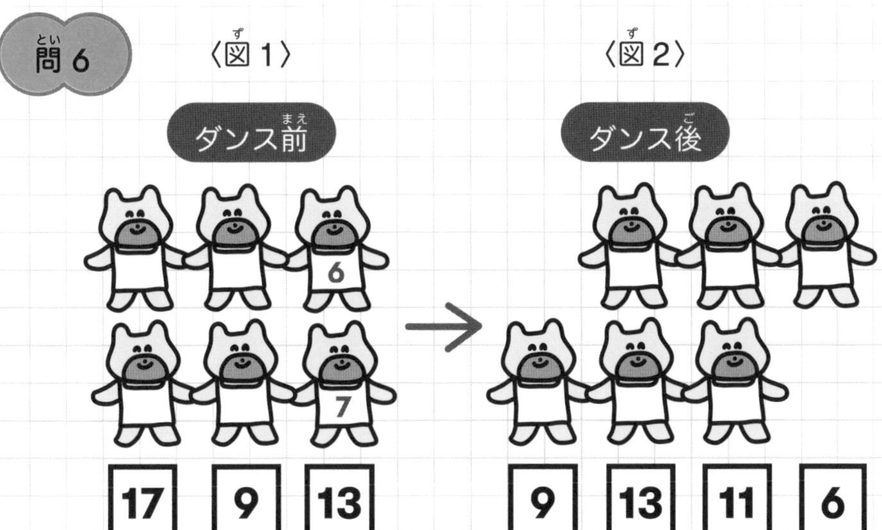
〈図1〉
ダンス前
6
7
17
9
13
〈図2〉
ダンス後
9
13
11
6

力(ちから)だめし & JUMPの解答(かいとう)

力だめし

問1

(1) 11　(2) 23　(3) 79　(4) 7

(5) 17　(6) 52　(7) 50　(8) 118

問2

(1) 4 ×□＝32　□＝8

(2) □× 9 ＝855　□＝95

(3) 121＋23×□＝397　□＝12

(4) 145×□＝1305　□＝9

JUMP／○□虫くい算

問1

$$\begin{array}{r} \boxed{5}\,\boxed{3}\,2 \\ +\ 1\ 2\ ② \\ \hline 6\ 5\ ④ \end{array}$$

問2

$$\begin{array}{r} \boxed{7}\,\boxed{5}\,1 \\ +\ 1\ 4\ ⑥ \\ \hline ⑧\ 9\ 7 \end{array}$$

問3

$$\begin{array}{r} ④\,\boxed{3}\,⑥ \\ +\ \ 7\ 9 \\ \hline 5\ 1\ \boxed{5} \end{array}$$

問4

$$\begin{array}{r} \boxed{3}\,\boxed{1}\,5 \\ -\ \ 2\ ④ \\ \hline ②\ 9\ 1 \end{array}$$

問5

$$\begin{array}{r} ⑦\ 3\ ⑤ \\ -\ \ ⑥\ 4 \\ \hline 6\ 7\ 1 \end{array}$$

問6

$$\begin{array}{r} 5\ 0\ ② \\ -\ \ \boxed{1}\,\boxed{3} \\ \hline ④\ 8\ 9 \end{array}$$

JUMP／ゼッケンパズル

問1

1 4 / 1 5 → 1 4 / 1 5

問2

3 7 / 1 8 → 3 7 / 1 8

問3

2 9 / 5 8 → 2 9 / 5 8

問4

6 4 / 3 9 → 6 4 / 3 9

問5

7 6 8 / 5 9 8 → 7 6 8 / 5 9 8

問6

8 4 6 / 9 5 7 → 8 4 6 / 9 5 7

単元7 単元レベル：5年生

公倍数と最小公倍数

この単元のゴール

▶かけ算とわり算をきちんと使いこなせるようになる

1 倍数とは

倍数 … ある数を整数倍（1倍、2倍、3倍…）した数

例 6の倍数の求め方

6の倍数とは、6を1倍、2倍、3倍…した数

6	12	18	24	30	36	…
6×1	6×2	6×3	6×4	6×5	6×6	

6の倍数の小さい方から6つ

2 数から倍数かどうかを判断する方法

例 35、120、86、144　の中から4の倍数を見つけます。

それぞれの数を4でわり、わり切れたものが4の倍数です。

35	120	86	144
35÷4＝8あまり3	120÷4＝30	86÷4＝21あまり2	144÷4＝36

35、120、86、144　の中で4の倍数は、120と144

3 公倍数とは

公倍数 … 2つ以上の数に共通の倍数

最小公倍数 … 一番小さい公倍数

4と6の公倍数を小さい順に3つ答えましょう。
また、4と6の最小公倍数を求めましょう。

まず、4と6それぞれの倍数を求めます。

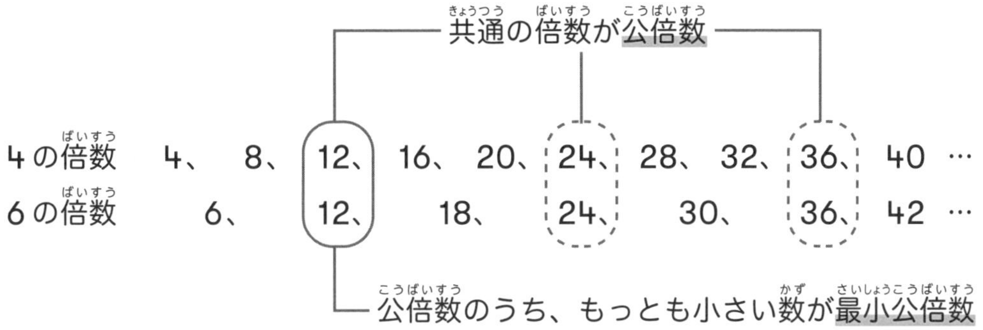

4の倍数と6の倍数に共通する12、24、36 … が、4と6の公倍数です。

4と6の公倍数について「ベン図」で表すと、下のようになります。

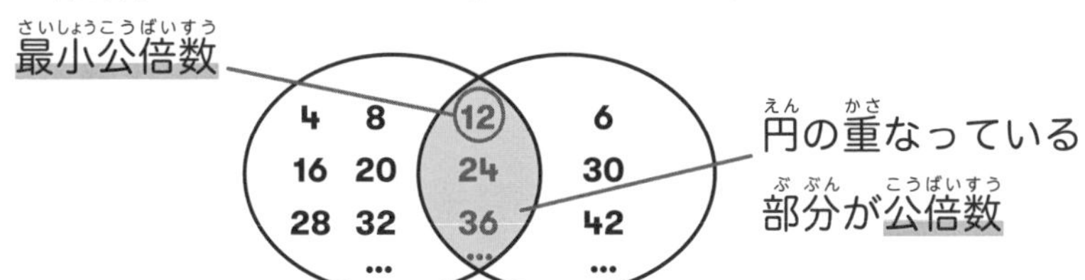

力だめし

問1 次の数字の倍数をその数字を除いて、小さいほうから順に3つ書きましょう。

(1) 6　　(2) 7

(3) 5　　(4) 15

(5) 3　　(6) 12

問2 次の(　　)の中の数の公倍数を、小さいほうから順に3つ書きましょう。

(1)(6、14)　　(2)(6、21)

(3)(9、15)　　(4)(8、18)

(5)(2、6、8)　　(6)(12、15、18)

問3 次の（　　）の中の数の最小公倍数を書きましょう。

(1)（6、15）

(2)（8、14）

(3)（12、28）

(4)（12、16）

(5)（3、6、8）

(6)（7、9、21）

(7)（8、12、16）

(8)（5、14、21）

（1）（15、17、84、120、223）のうち、3の倍数をすべてえらびましょう。

（2）（36、52、112、312、415）のうち、13の倍数をすべてえらびましょう。

（3）（43、84、105、232、441）のうち、21の倍数をすべてえらびましょう。

問 5

（1）12が倍数に含まれる数をすべて書きましょう。

（2）1ケタの数のうち、24が倍数に含まれる数をすべて書きましょう。

（3）20から50までの数のうち、120が倍数に含まれる数をすべて書きましょう。

パズル

STEP 倍数つなぎ

動画もあるよ！

ルール

❶ 指定された倍数を、小さい順に線で結んでいきましょう。

❷ 下の例のように、すべてのマスを通ります。

例

2の倍数

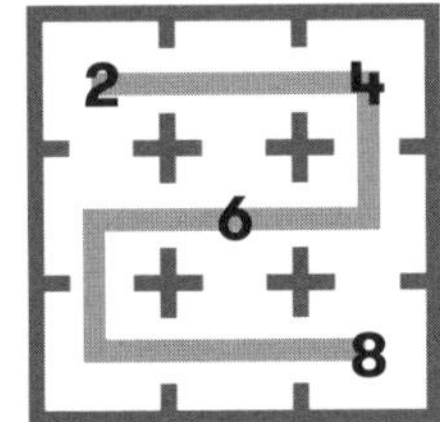

3の倍数

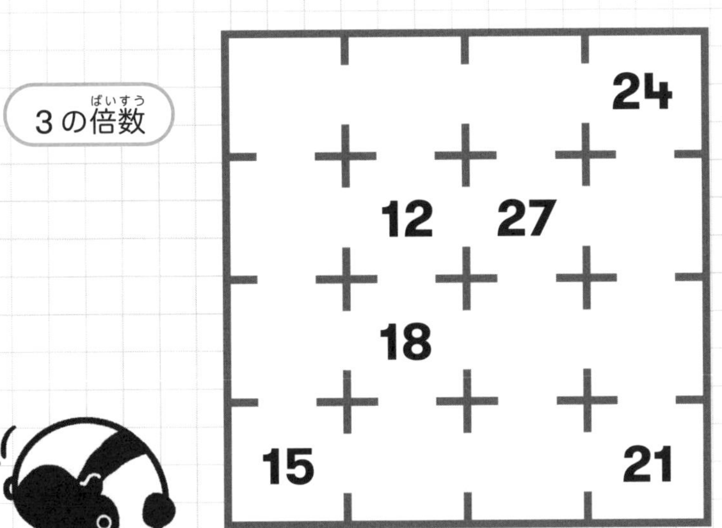

解答と解き方

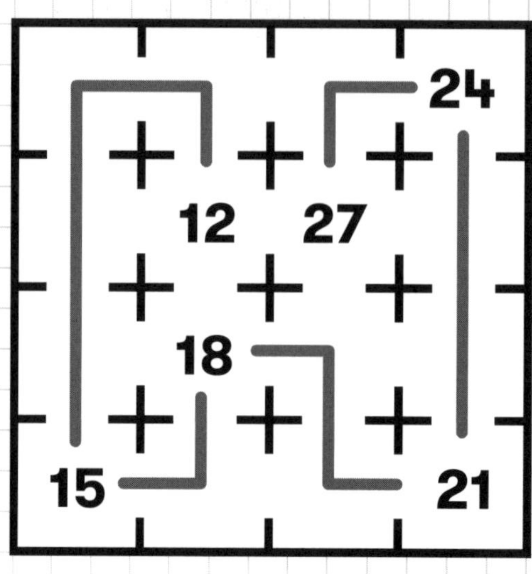

❶ 3の倍数を順につないでいくので、

「12－15－18－21－24－27」の順になります。

❷ すべてのマスを通るようにつないでいくと、上のようになります。

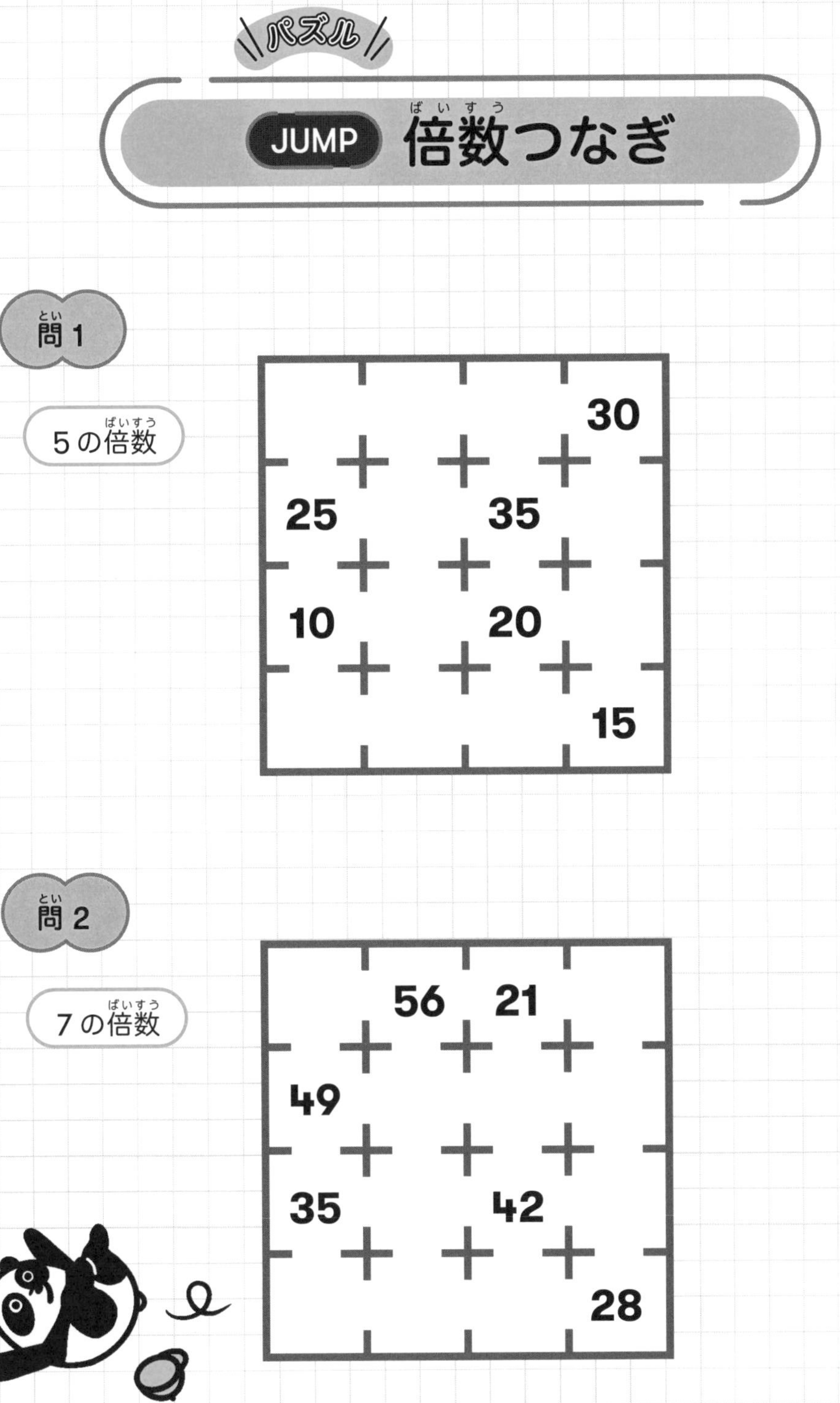
パズル
JUMP 倍数つなぎ
問1
5の倍数
30
25
35
10
20
15
問2
7の倍数
56
21
49
35
42
28

問 3

8 の倍数

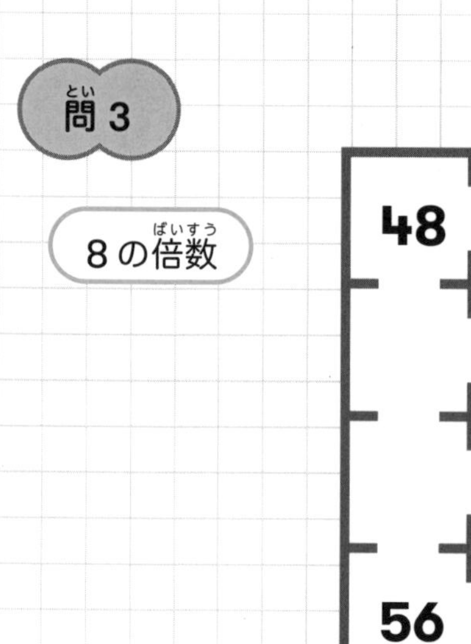

問 4

12 の倍数

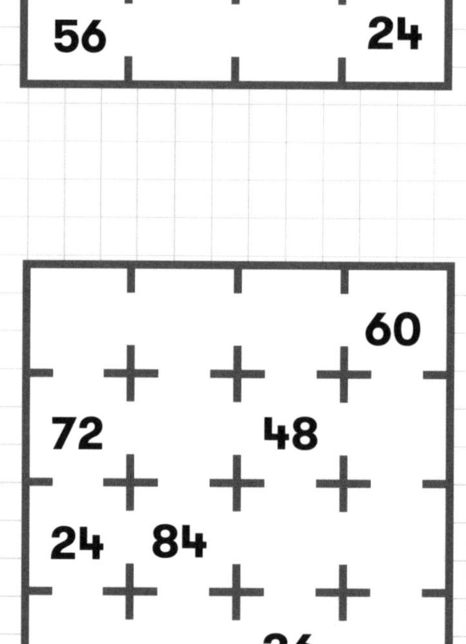

パズル

STEP 公倍数クロス

ルール

❶ 指定されたそれぞれの倍数を、順に線でつなぎましょう。
❷ 線は、2つの数字の公倍数で交わります。
❸ 線はすべてのマスを通ります。

2の倍数と3の倍数

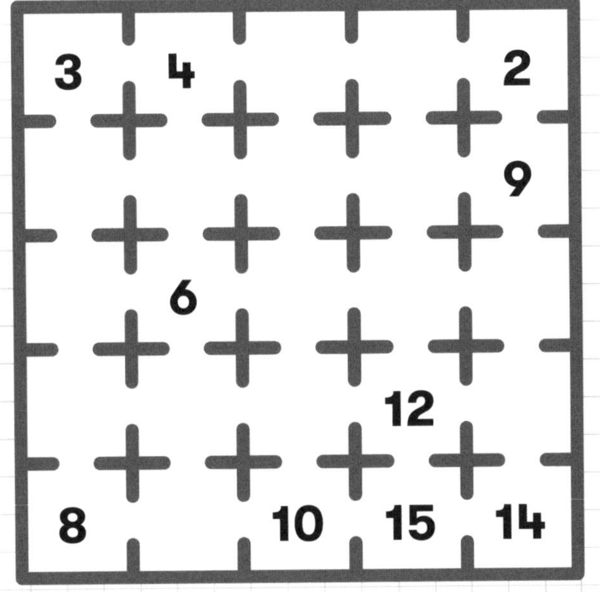

解答と解き方

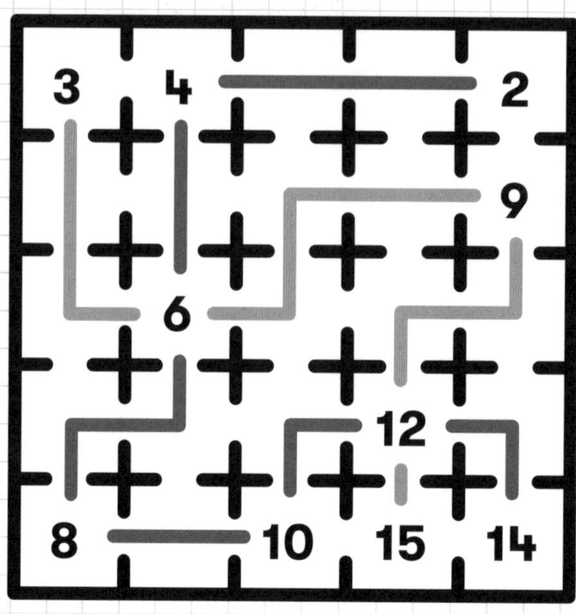

❶ 2の倍数、3の倍数をそれぞれ

2の倍数 … 2－4－6－8－10－12－14
3の倍数 … 3－6－9－12－15

の順につないでいくと、上のようになります。

❷ よって、6と9と12で交差します。

JUMP 公倍数(こうばいすう)クロス

問(とい)1 5の倍数(ばいすう)と6の倍数(ばいすう)

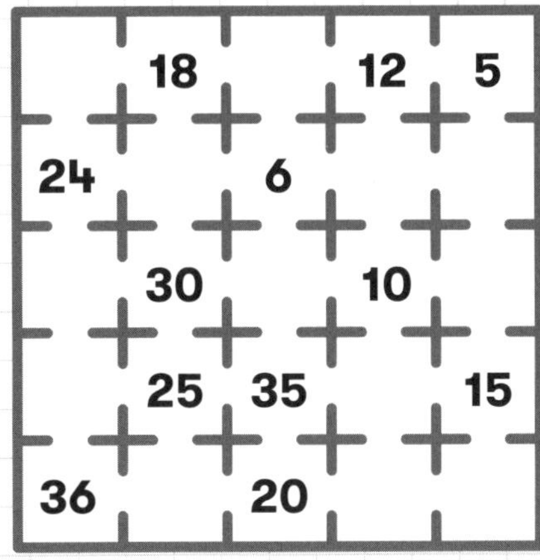

問(とい)2 4の倍数(ばいすう)と5の倍数(ばいすう)

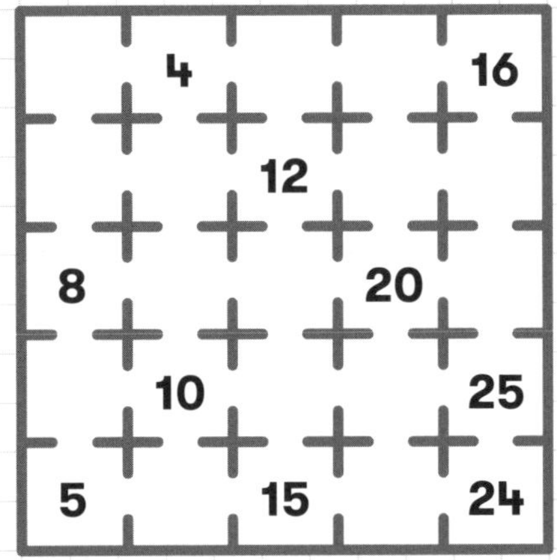

問3　5の倍数と6の倍数

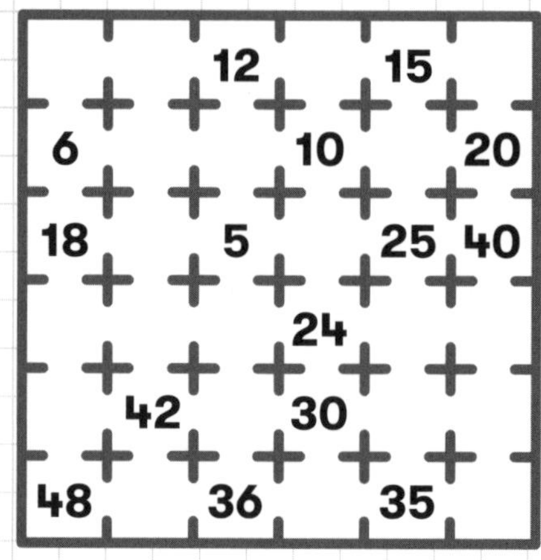

問4　3の倍数と4の倍数

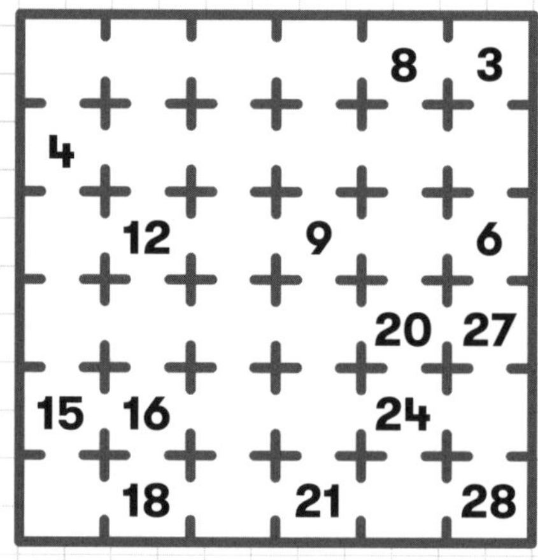

問5　4の倍数と7の倍数

42			36		16
		32		20	
	35		24	12	
49		28			
				7	8
56	21		14	4	

問6　6の倍数と9の倍数

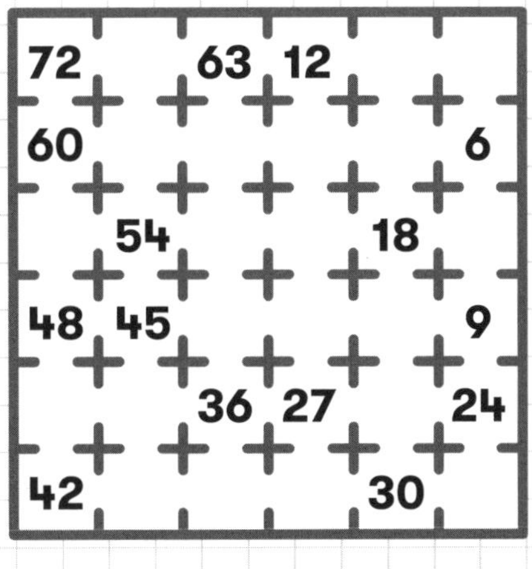

力(ちから)だめし & JUMPの解答(かいとう)

力だめし

問1

（1）12、18、24　（2）14、21、28
（3）10、15、20　（4）30、45、60
（5）6、9、12　（6）24、36、48

問2

（1）42、84、126　（2）42、84、126
（3）45、90、135　（4）72、144、216
（5）24、48、72　（6）180、360、540

問3

（1）30　（2）56　（3）84　（4）48
（5）24　（6）63　（7）48　（8）210

問4

（1）15、84、120　（2）52、312
（3）84、105、441

問5

（1）1、2、3、4、6、12
（2）1、2、3、4、6、8
（3）20、24、30、40

JUMP／倍数つなぎ

問1

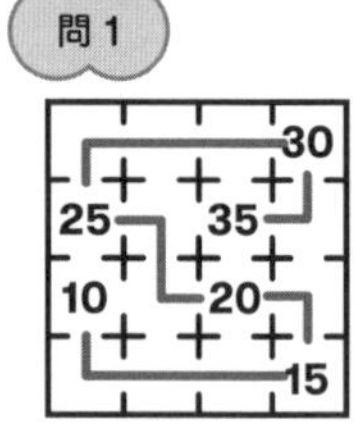

問2

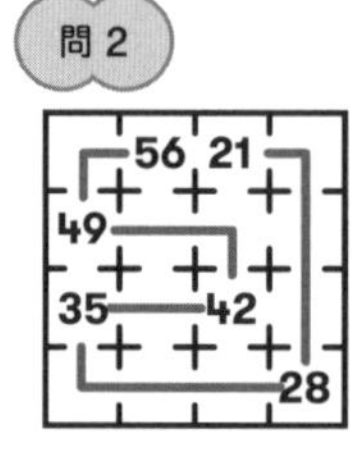

問3

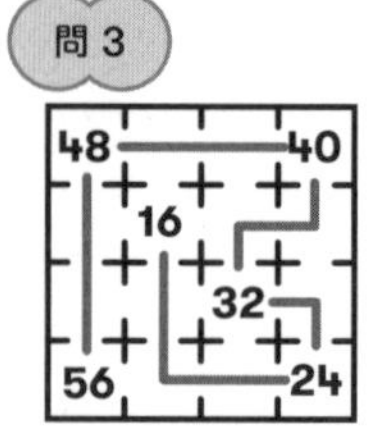

問4

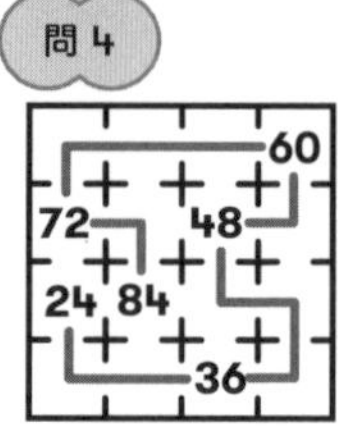

JUMP／公倍数クロス

問1

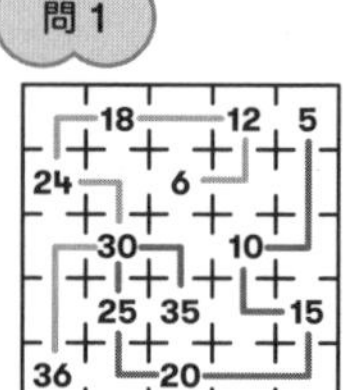

問2

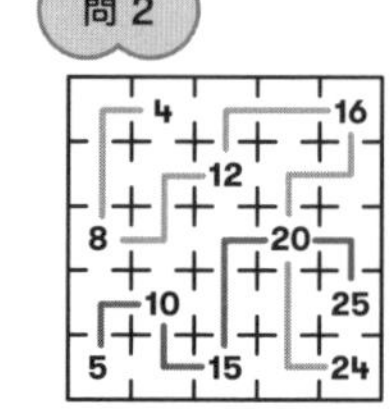

問3

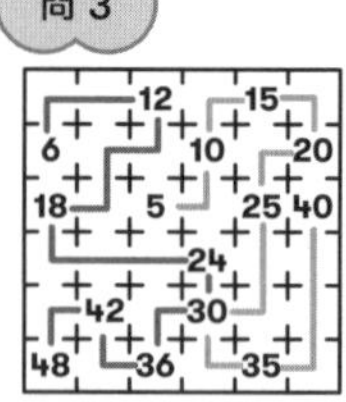

問4

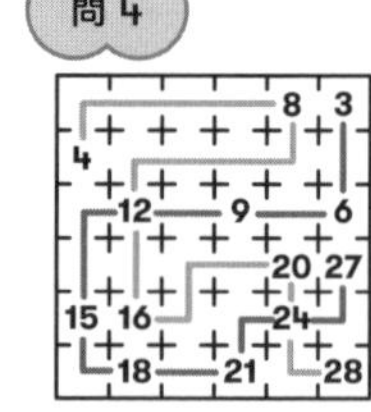

問5

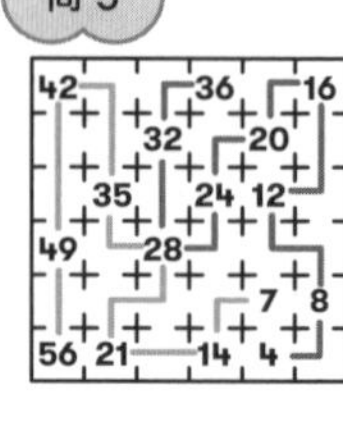

問6

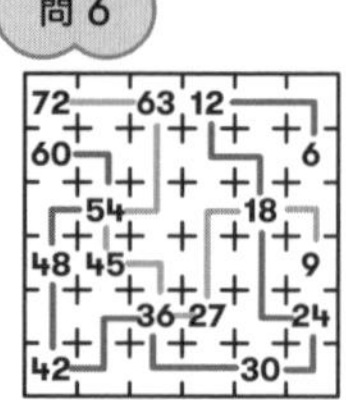

単元❽ 単元レベル：5年生

角度

この単元のゴール

▶「角度とは何か」を説明できるようになる

HOP 単元のまとめ

1 角とは

「1つの点から出る2本の半直線（辺）によってつくられる図形」のことをいいます。

2 角度とは

「角の開きぐあいや大きさ」のことをいいます。角の大きさを表す単位は、「～度（°）」と書きます。

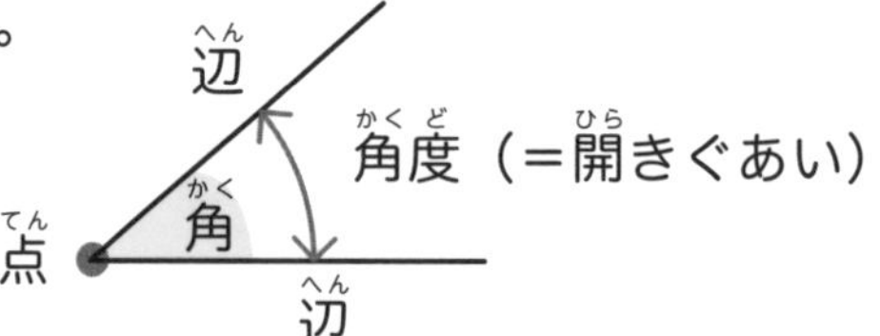

平角

角をつくる2つの辺が一直線になるときに成す角の大きさのことをいいます。180°に等しいです。

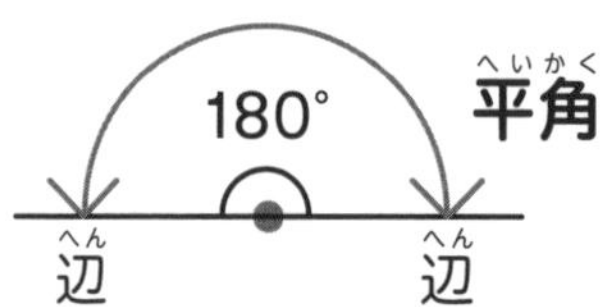

直角

平角の半分の大きさのことを直角といいます。90°に等しいです。

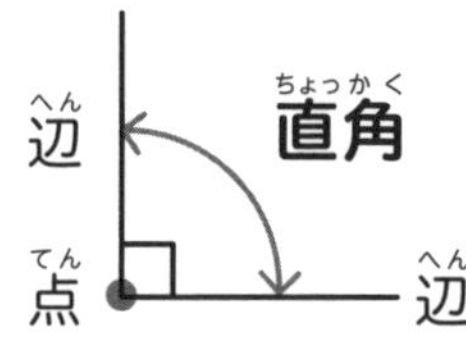

3 平行と角

平行

2本の直線がどこまでも交わらない状態のことをいいます。
1本の直線に対し、垂直な2本の直線は平行であるといえます。

同位角

異なる2本の直線に他の一直線が交わるとき、その一直線から見て同じ位置にある2つの角のことをいいます。

異なる2本の直線が平行ならば、同位角は等しくなります。

錯角

異なる2本の直線に他の一直線が交わるとき、その一直線から見て下の図のような位置にある2つの角のことをいいます。

異なる2本の直線が平行ならば、錯角は等しくなります。

対頂角

異なる2本の直線が交わったときにできる角のうち、互いに向かい合った角のことをいいます。また、その2つの角は常に等しくなります。

4 多角形の内角の和

三角形の3つの角の大きさの和は180°になります。このことは、平行線の錯角・同位角が等しいことから説明できます。

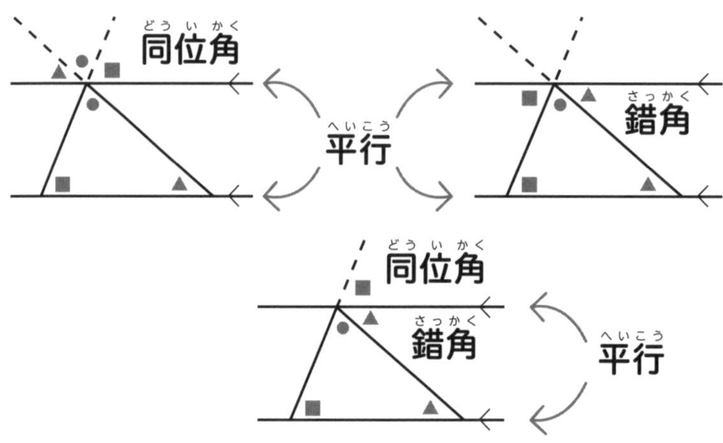

他の多角形の内角の和は、1つの頂点からの対角線で分けられる三角形の数の和から求められます。

	四角形	五角形	六角形	七角形	…
三角形の数	2	3	4	5	…
内角の和	180°×2	180°×3	180°×4	180°×5	…

力だめし

問1 次の図で、㋐～㋓の角の大きさを求めましょう。

（1）

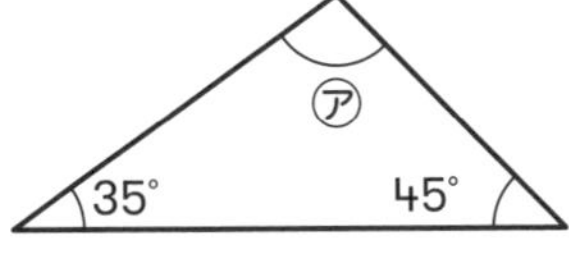

（2）

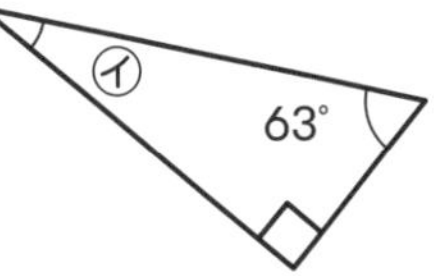

（3）

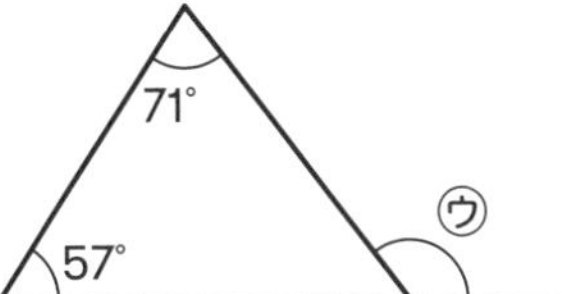

（4）

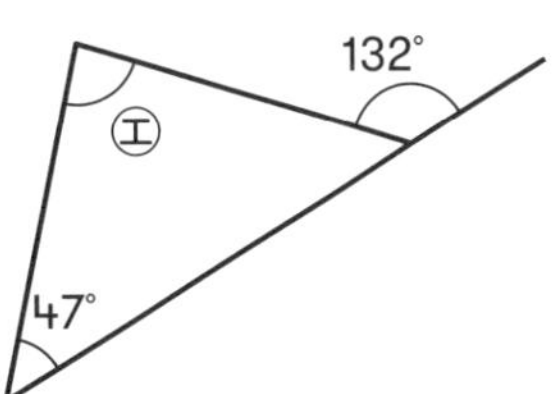

問2 次の図で、㋐～㋓の角の大きさを求めましょう。

（1）

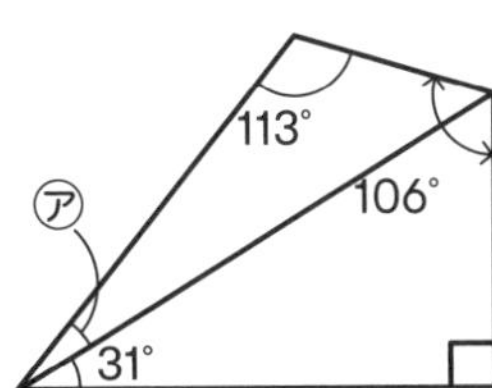

（2）

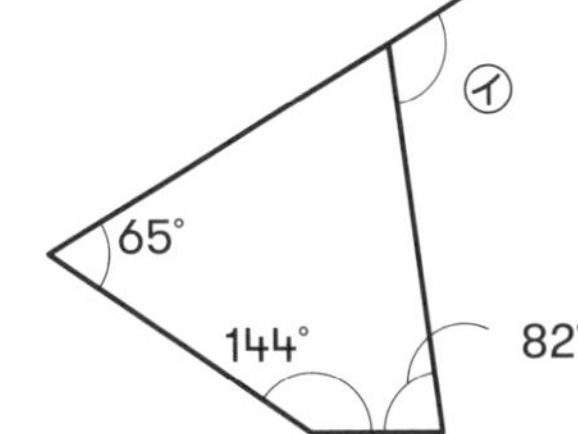

（3）

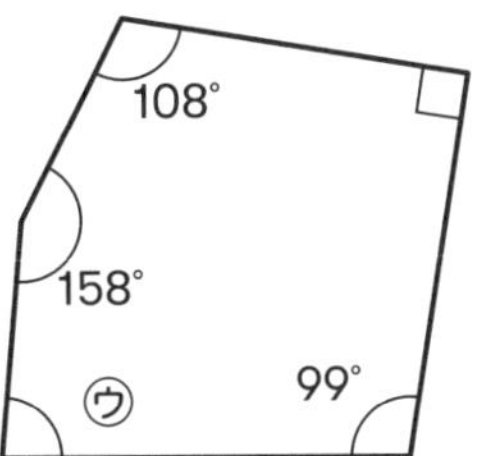

（4）

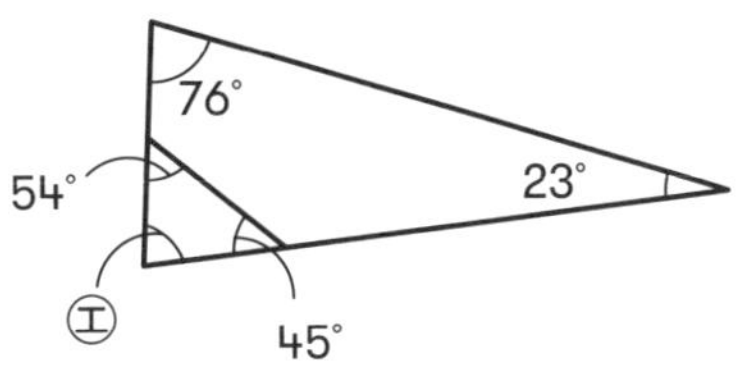

単元8 角度 ⑤年生 HOP▼単元のまとめ

次の図で、直線AとBが平行なとき、㋐～㋕の角の大きさを求めましょう。

(1)

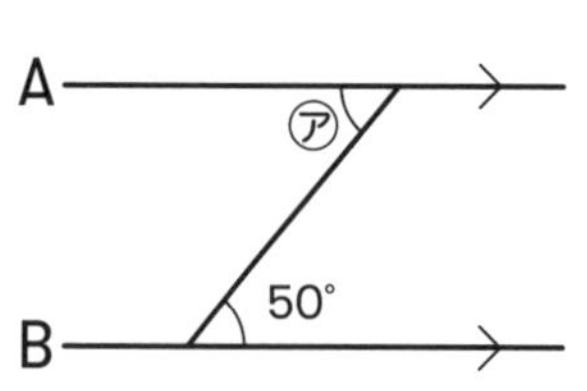

(2)

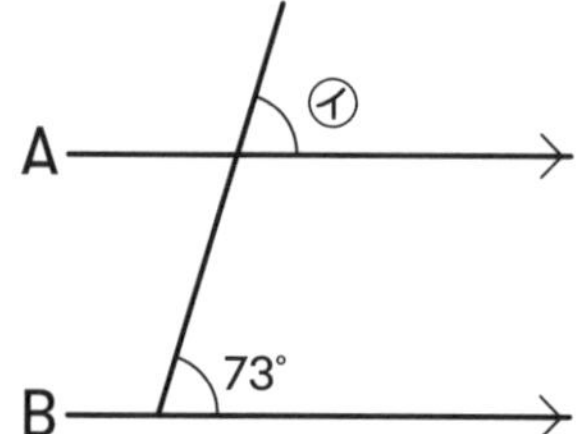

(3)

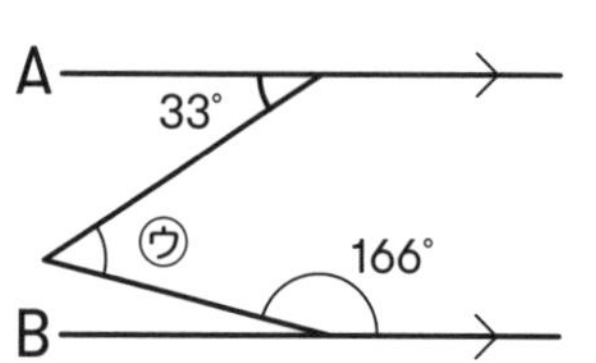

(4)

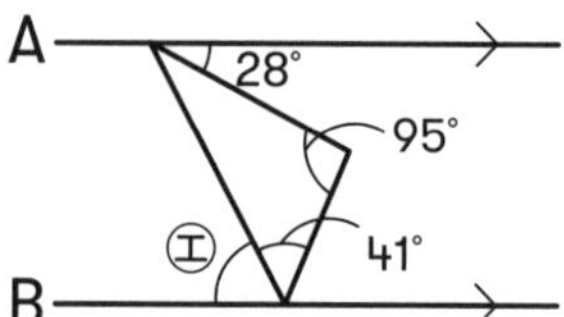

(5)

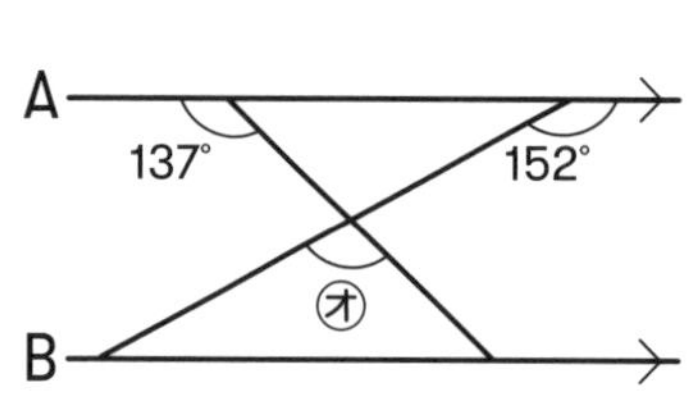

(6)

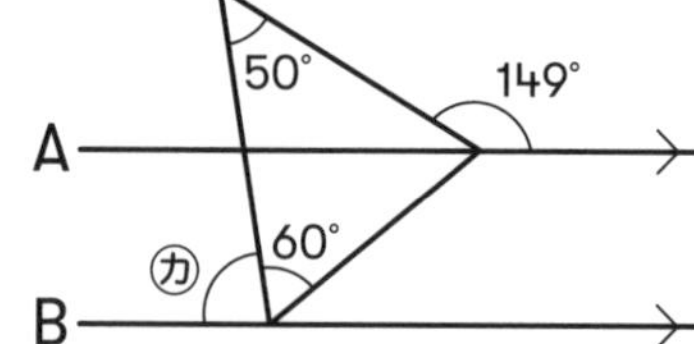

パズル

STEP ハニカム角度(かくど)パズル

ルール

❶ スタートから線(せん)を引(ひ)いてゴールを目指(めざ)しましょう。

❷ 数字(すうじ)が入っている◯では、線(せん)はその数字(すうじ)の角度(かくど)だけ曲(ま)がります。数字(すうじ)が入(はい)っていない◯では、どの角度(かくど)にも進(すす)むことができます。

❸ 同(おな)じ◯は一度(いちど)しか通(とお)れません。

例(れい)

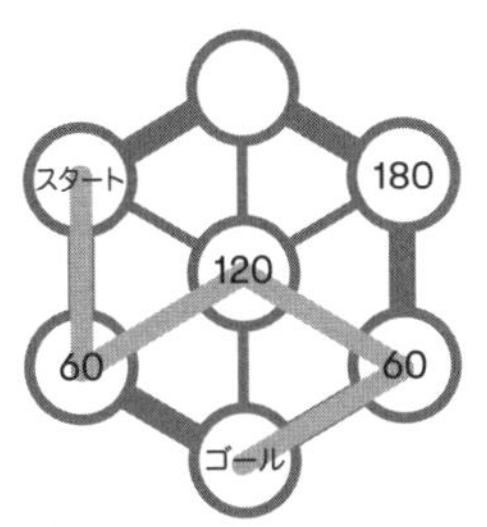

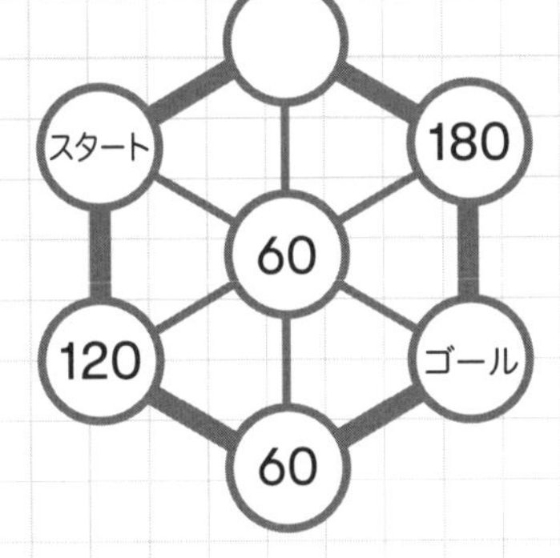

解答と解き方

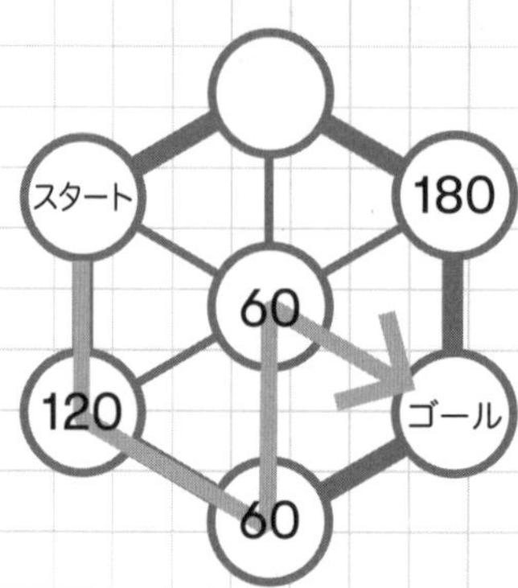

×間違いの例

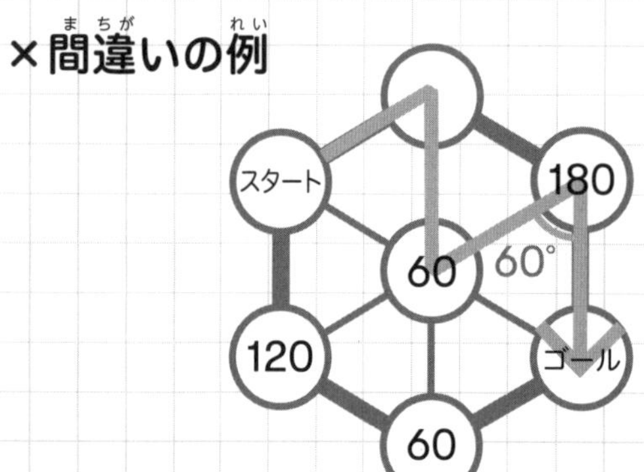

◯の中にある数字の大きさとは違う大きさで曲がっています。

パズル

JUMP ハニカム角度(かくど)パズル

問(とい) 1

スタート 120
120 180 180
180 120
60 180 60
120 ゴール

問(とい) 2

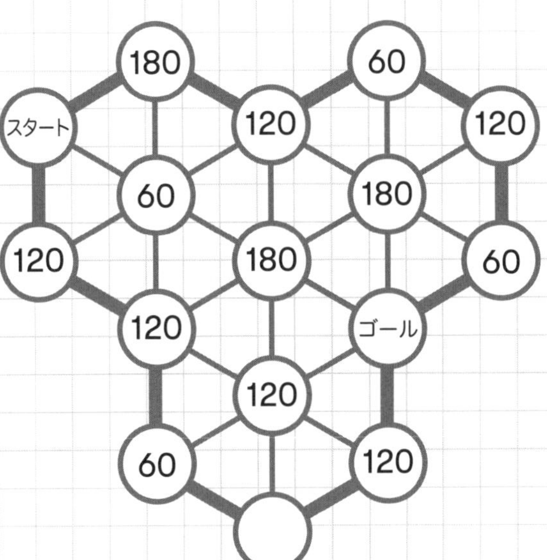

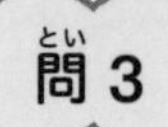
とい
問3

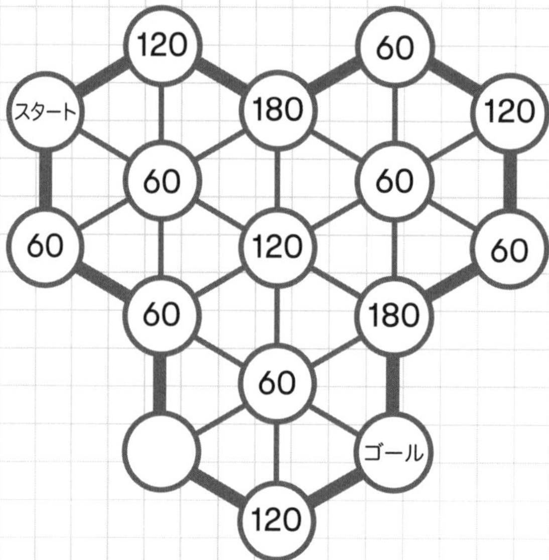
120
60
スタート
180
120
60
60
60
120
60
60
180
60
ゴール
120

とい
問4

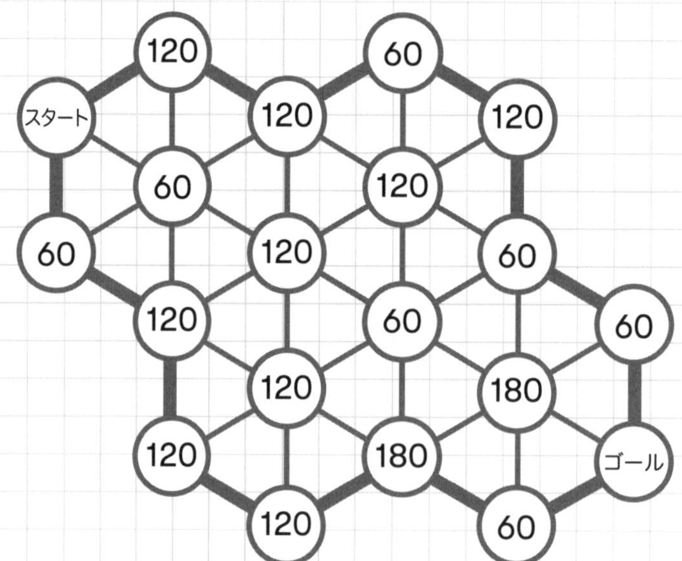
120
60
スタート
120
120
60
120
60
120
60
120
60
60
120
180
120
180
ゴール
120
60

パズル

STEP 角度ロジックパズル

ルール

下の図形にある？の角度を求めましょう。

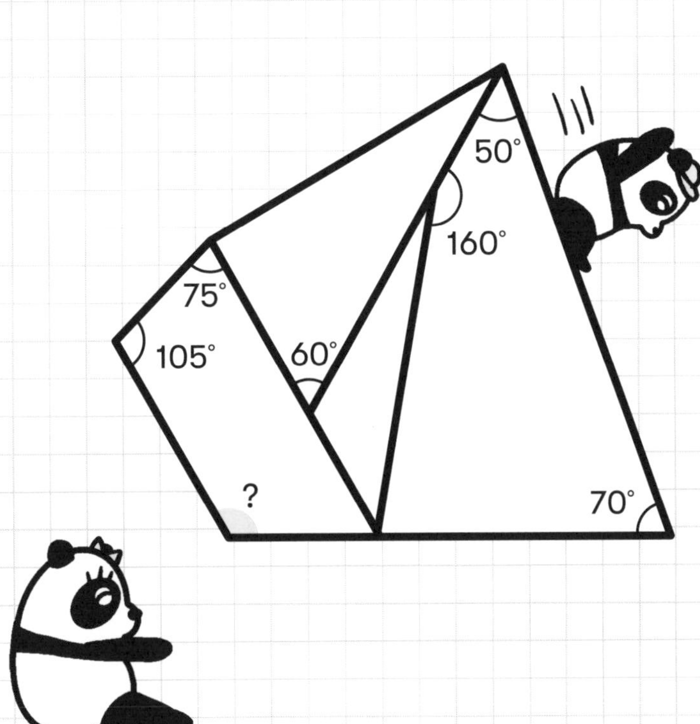

解答と解き方

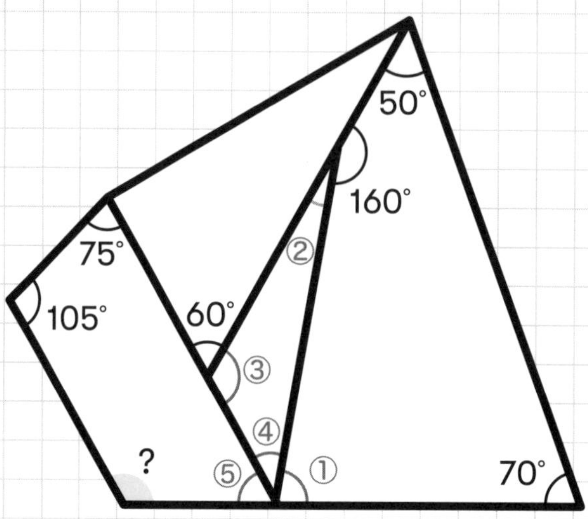

❶ 上の図のように、それぞれの角に数字をふります。

①の角の大きさは　360°－(160°＋50°＋70°)＝80°
②の角の大きさは　180°－160°＝20°
③の角の大きさは　180°－60°＝120°
④の角の大きさは　180°－(20°＋120°)＝40°
⑤の角の大きさは　180°－(80°＋40°)＝60°

❷ よって、？の角の大きさは

360°－(105°＋75°＋60°)＝120°

パズル

JUMP 角度ロジックパズル

問1

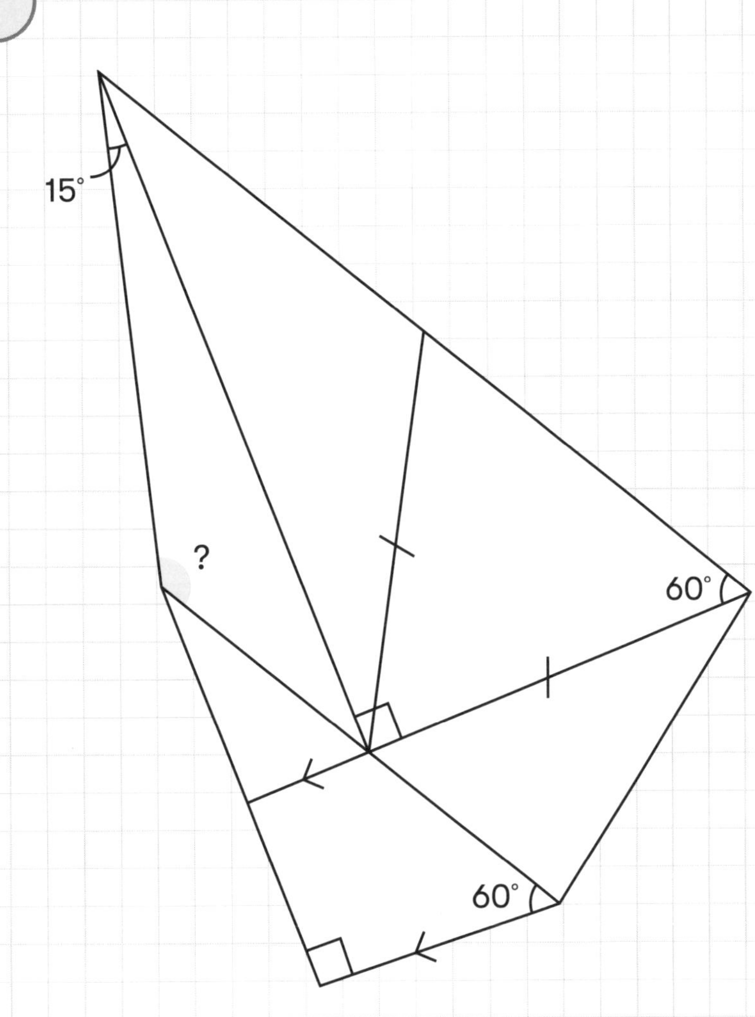

問 2

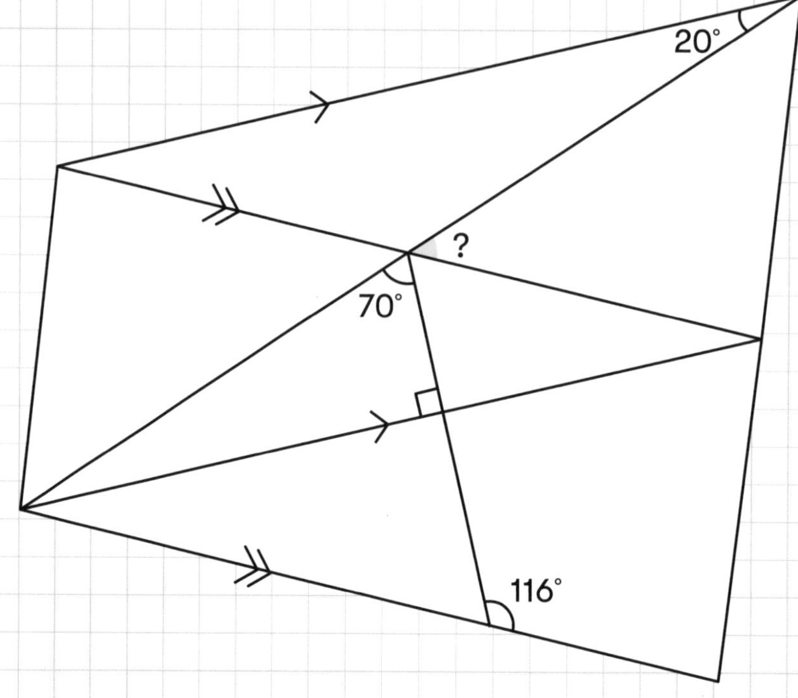
20°
?
70°
116°

問(とい) 3

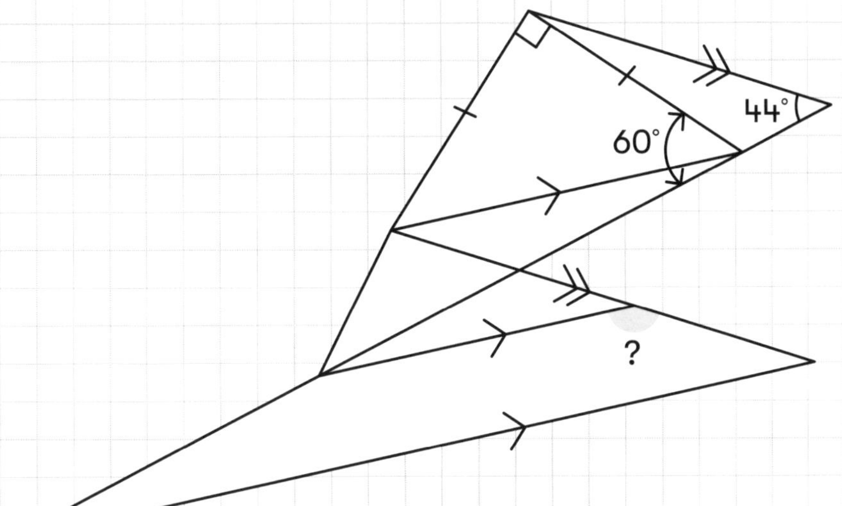

力(ちから)だめし & JUMPの解答(かいとう)

力だめし　問1

（1）100°　　（2）27°

（3）128°　　（4）85°

問2

（1）20°　　（2）111°

（3）85°　　（4）81°

問3

（1）50°　（2）73°　（3）47°

（4）72°　（5）109°　（6）81°

JUMP／ハニカム角度パズル

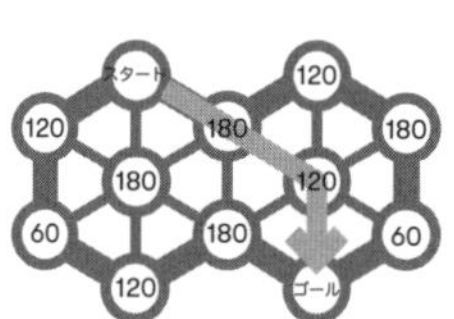

問2

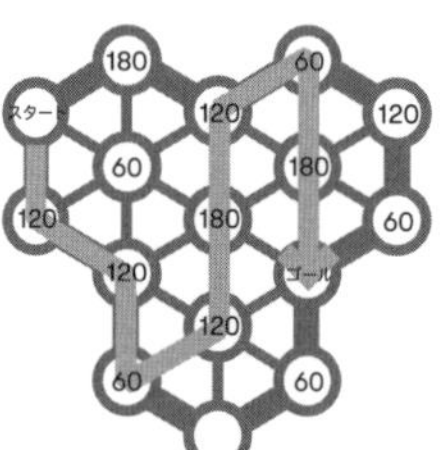

問3

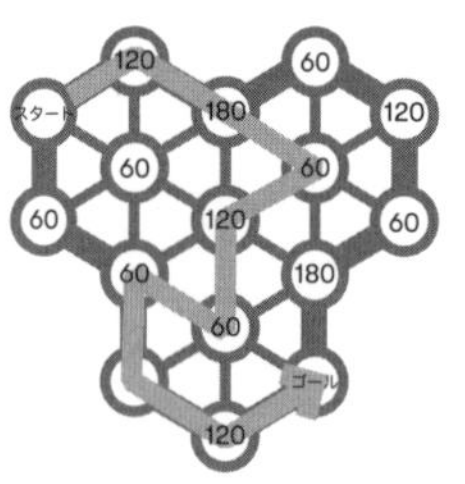

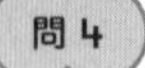

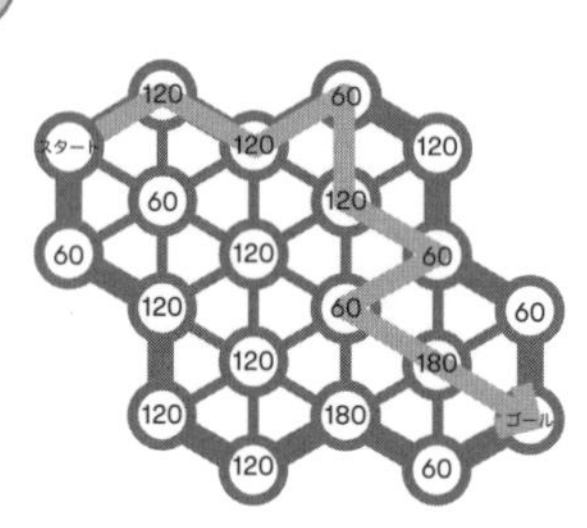

JUMP／角度ロジックパズル

問1　135°

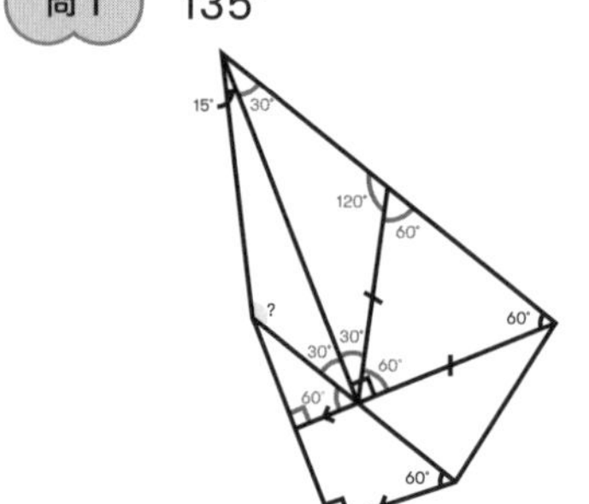

問2　46°

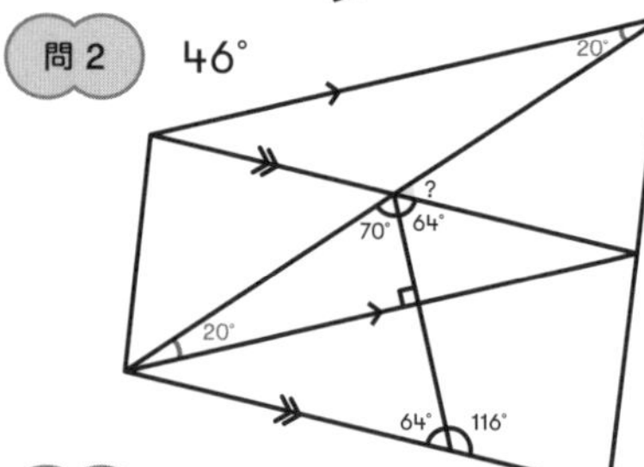

問3　151°

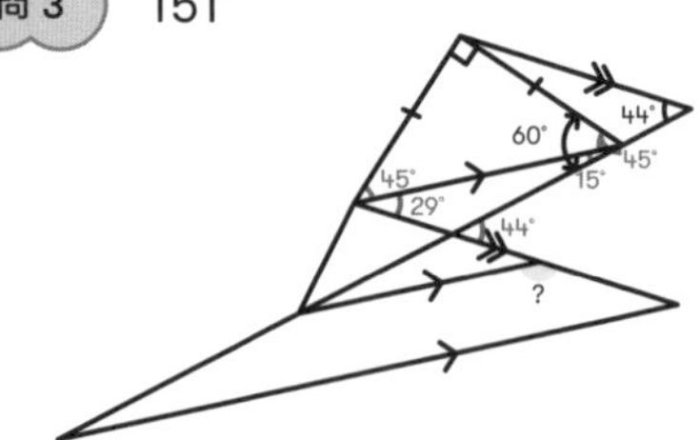

単元9 単元レベル：4～5年生

立体

この単元のゴール

▶立体の形をいろいろな角度から考えられるようになる

HOP 単元のまとめ

1 立体の辺・面・頂点

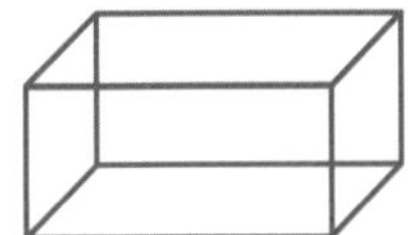

立体を囲む直線を「辺」といいます。

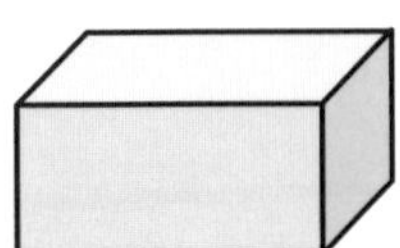

立体を囲む平面を「面」といいます。
立体の底の面を特に、底面といいます。

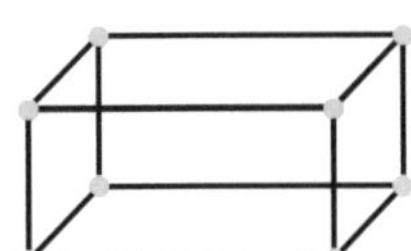

立体の角の点を「頂点」といいます。

2 立方体と直方体

正方形だけで囲まれた立体を「立方体」といいます。
長方形だけ、もしくは長方形と正方形で囲まれた立体を「直方体」といいます。

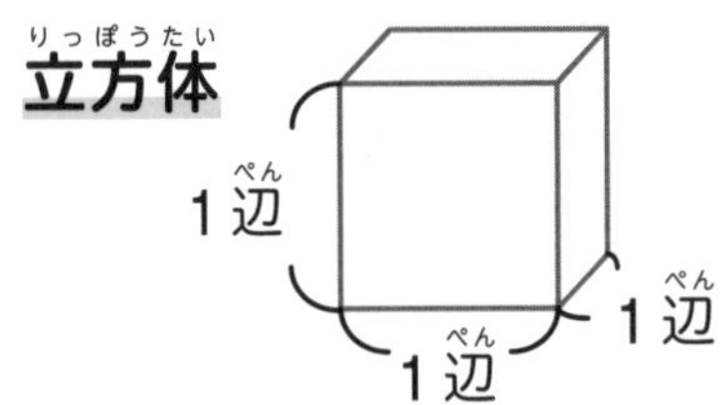

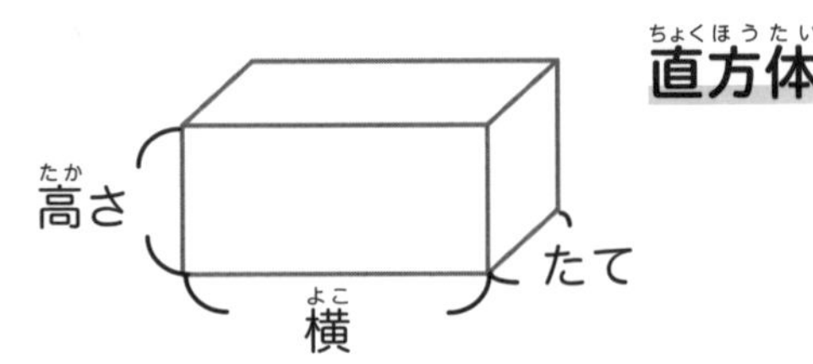

3 見取り図のかき方

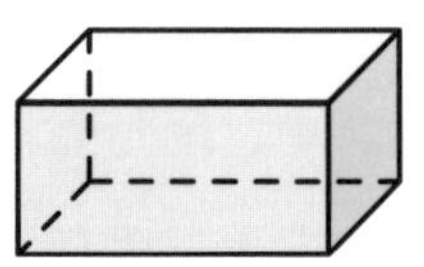

直方体や立方体などの全体の形が分かるようにかいた図を「見取り図」といいます。

見取図は、下のような手順でかくことができます。

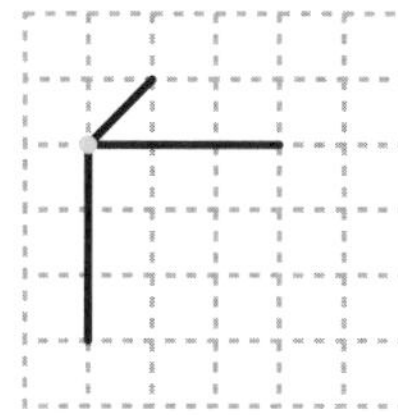

❶ 頂点を１つ決めます。その点から直角に交わる２つの線とななめの線、合計３つの線をかきます。

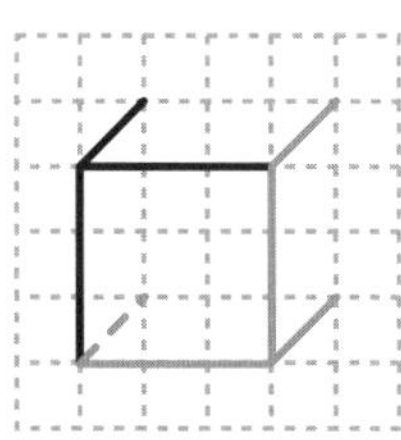

❷ 各線に平行な線をかいていきます。見えていない部分の辺は点線でかきます。

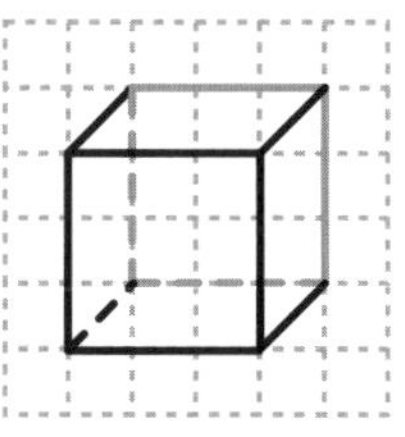

❸ となり合う頂点を結びます。平行な線をかくことと、見えていない部分の辺を点線でかくことがポイントです。

4 展開図のかき方

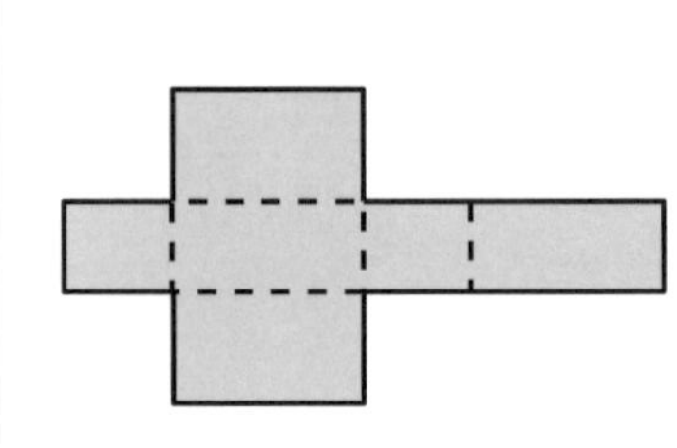

立体を辺にそって切り開き、平面に広げたものを「展開図」といいます。同じ立体でも、切り開き方によって、さまざまな形の展開図を作ることができます。

下のような3種類の長方形からつくられている直方体の展開図は、下のような手順でかくことができます。なお、長方形はそれぞれ2枚ずつあります。

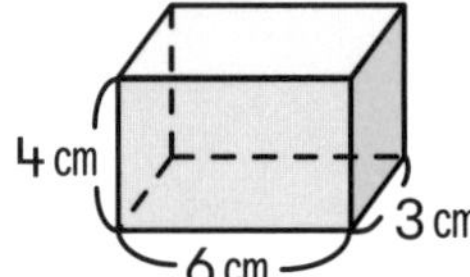

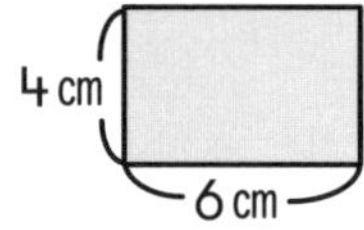

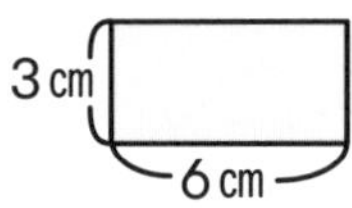

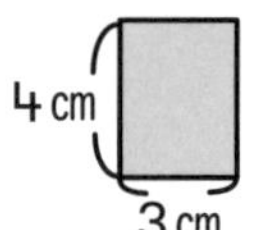

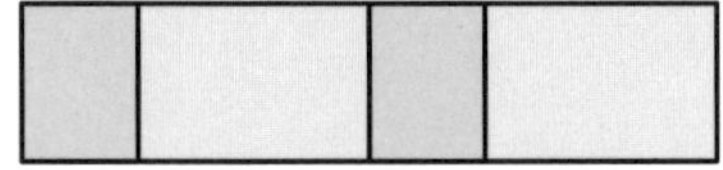

❶ 直方体のまわりの部分の展開図をかきます。

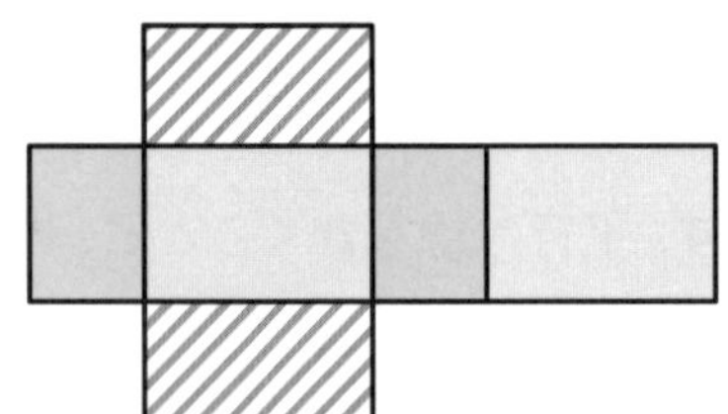

❷ 上下の長方形をつなげます。「どの辺と辺が接しているか」を考えながらつなげていくことがポイントです。

5 いろいろな立体

直方体や立方体のほかにも、いろいろな立体があります。

角柱

下の図形のように、上下に向かい合った多角形が合同かつ平行になっていて、そのほかの面がすべて平行四辺形である多面体を「角柱」といいます。立方体や直方体も角柱のひとつです。この 2 つの向かい合った面を「底面」といい、その他のすべての面を「側面」といいます。

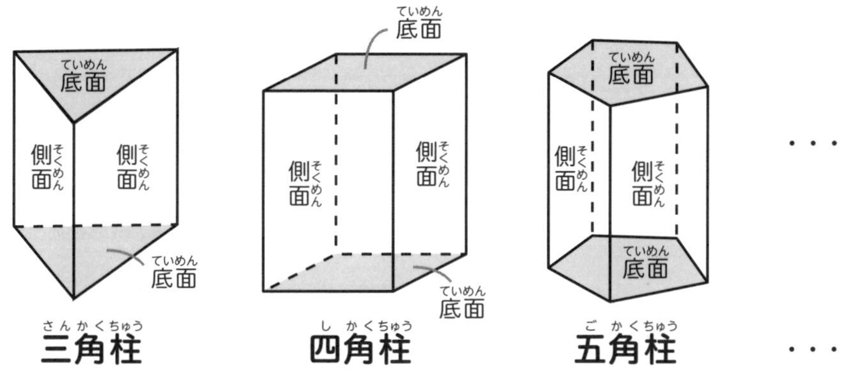

円柱

右の図のように、底面が円で、側面が曲面で囲まれている筒状の立体のことを「円柱」といいます。

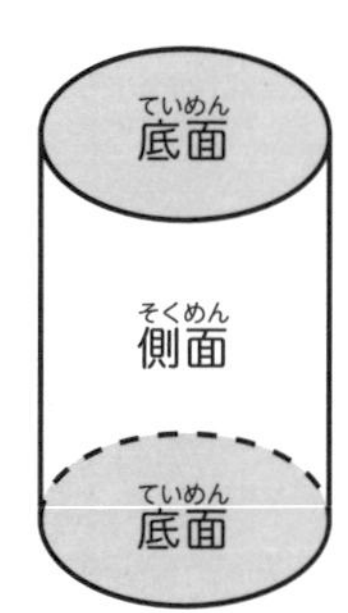

力だめし

問1 次の立体を矢印の方向から見たときの見取り図をかきましょう。

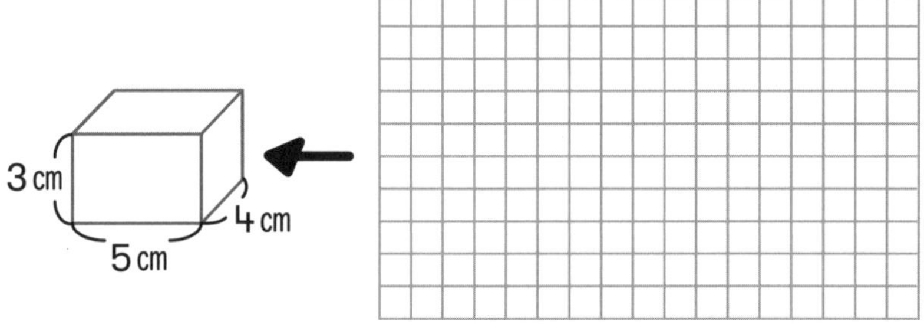

問2 次の直方体の展開図はどれですか。㋐～㋔から正しいものをすべてえらびましょう。

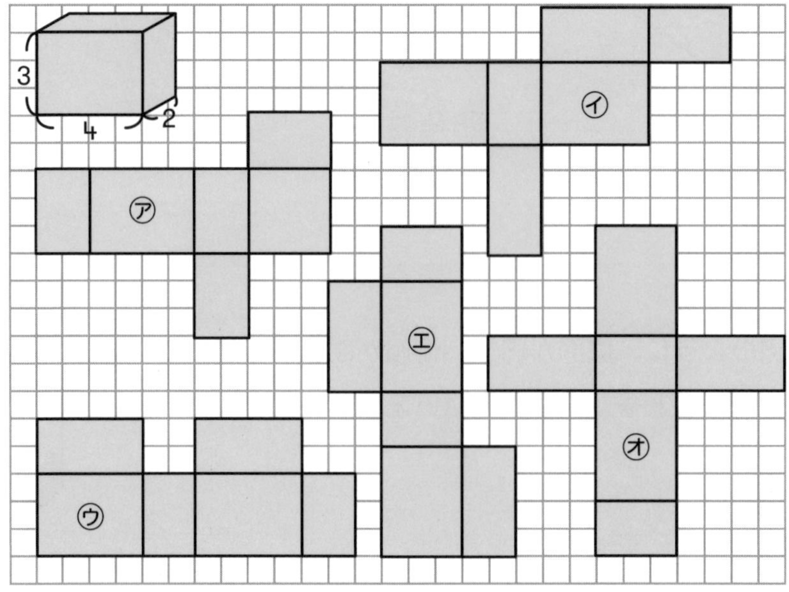

パズル

STEP サイコロの展開図

ルール

❶ 下の図のように、となりあう3面に○、△、×の印がかかれたサイコロがあります。

❷ それぞれの向かい合う面に同じ印をつけます。

❸ サイコロの展開図に、○、△、×を書き入れましょう。

❹ ただし、記号の向きは考えないものとします。

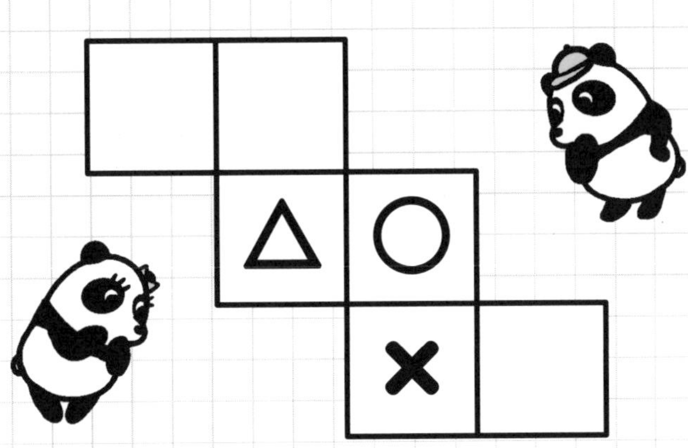

解答と解き方

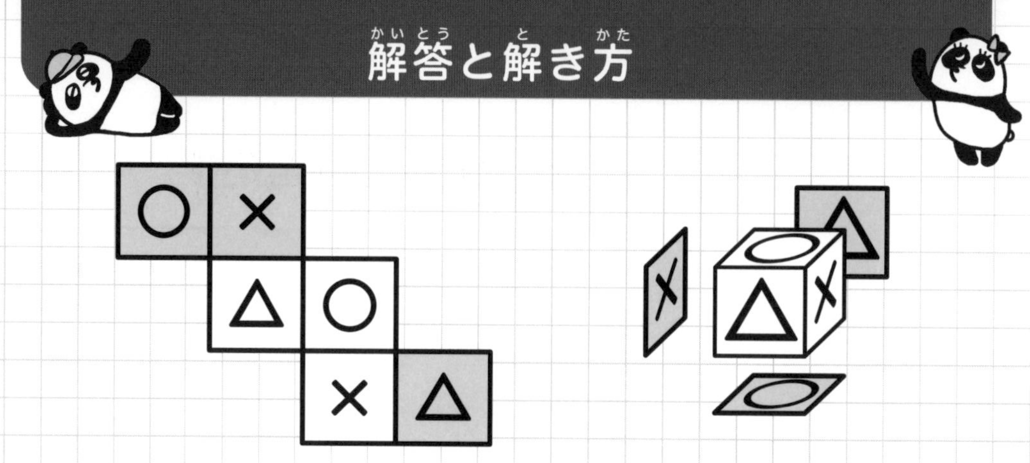

下のような順で展開していくと、問題の展開図を作ることができます。

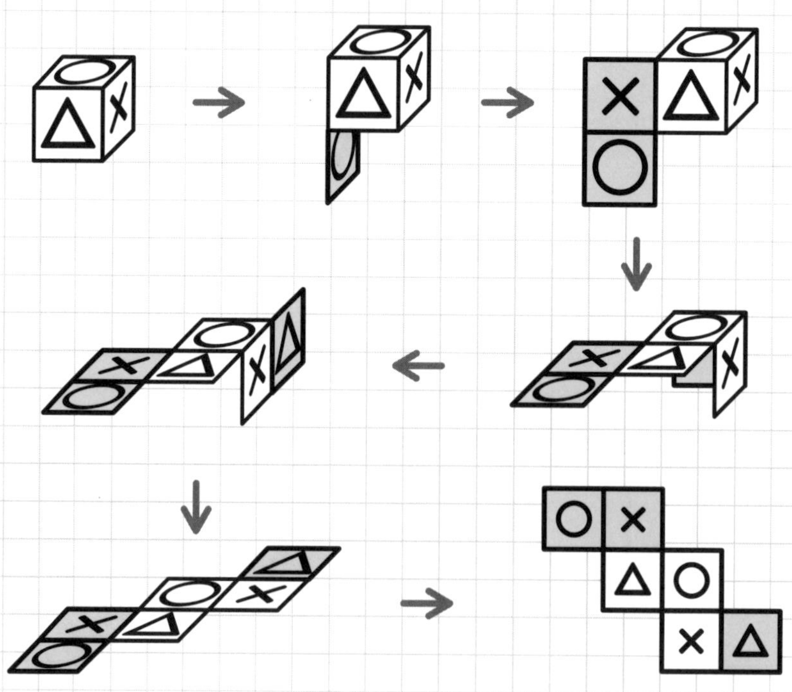

パズル

JUMP サイコロの展開図

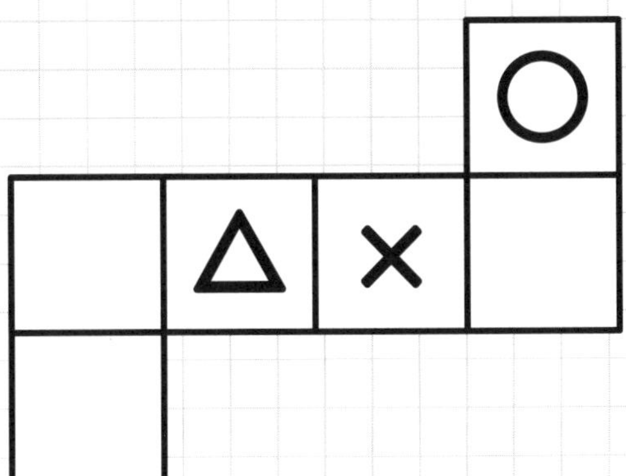

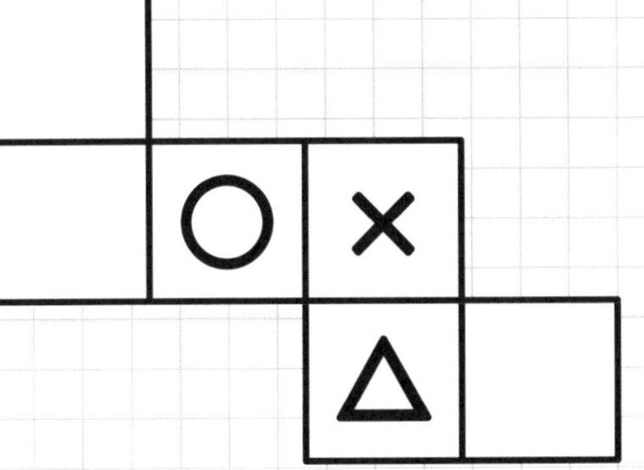

問3

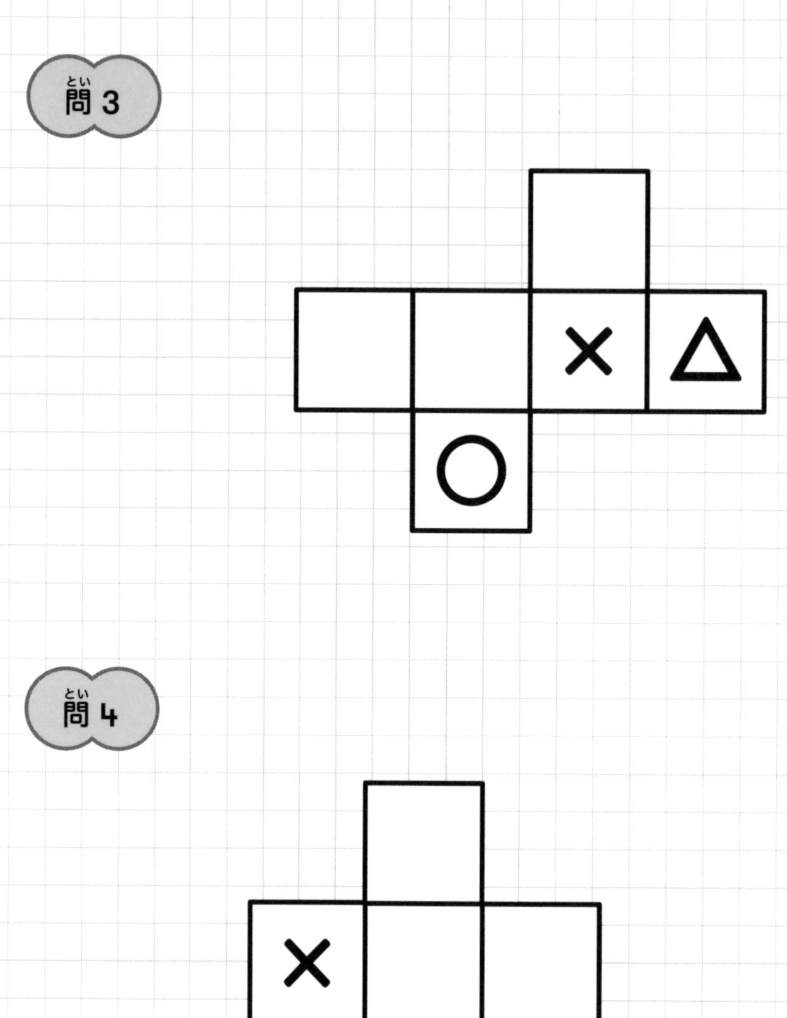

問4

パズル

STEP くしざしパズル

ルール

❶ 下の図のように、いくつかの立方体をつみ上げてつくった大きな立方体があります。

❷ ●印からそれぞれの面に垂直に、反対側まで穴をあけます。

❸ 穴があかずに残る立方体の数をかぞえましょう。

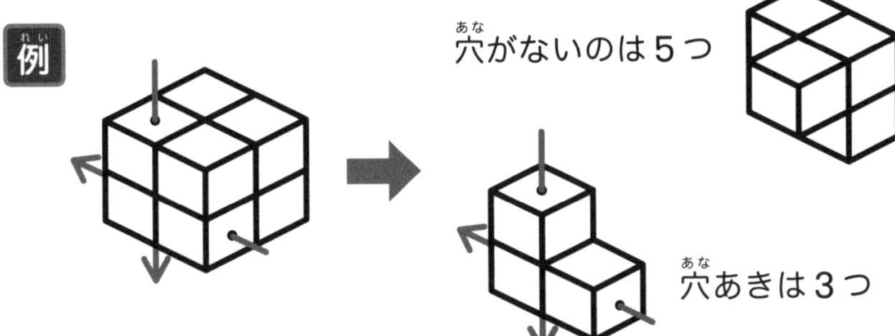

解答と解き方

穴があかずに残る黄色の立方体の数は、3個です。

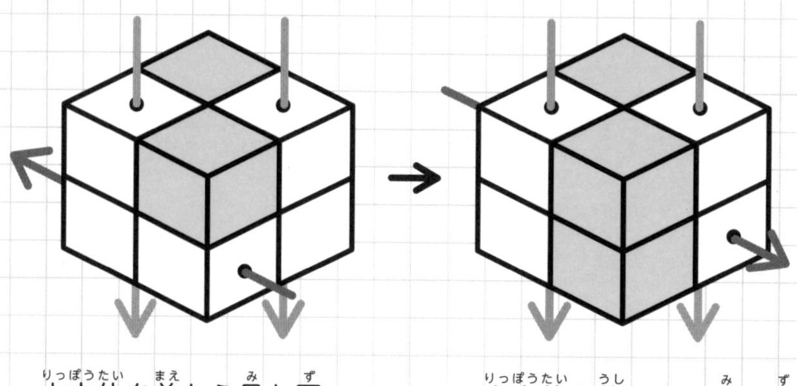

立方体を前から見た図　　立方体を後ろから見た図

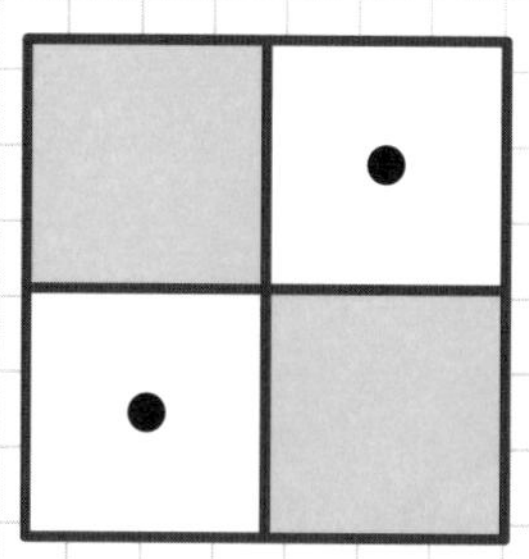

1段目を上から見た図

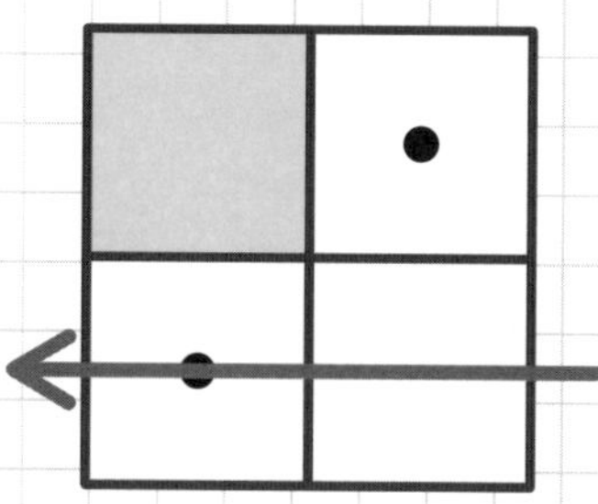

2段目を上から見た図

JUMP くしざしパズル

問1

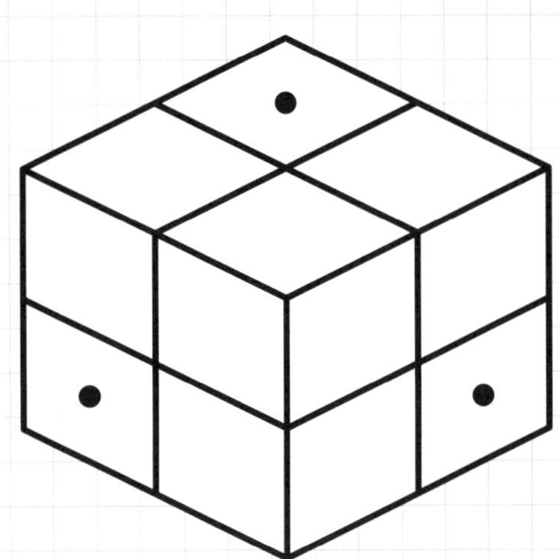

問2

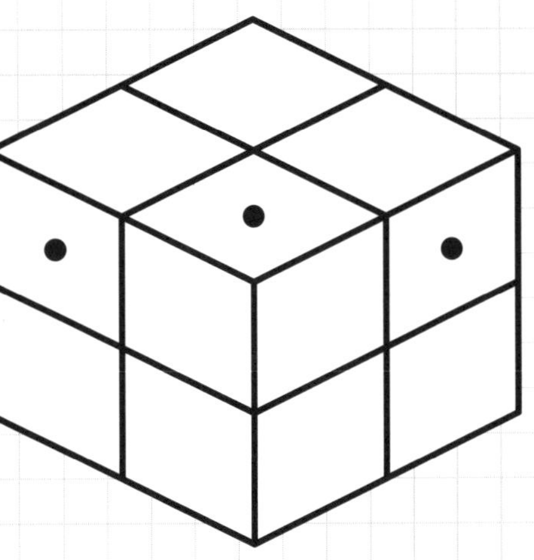

問 3

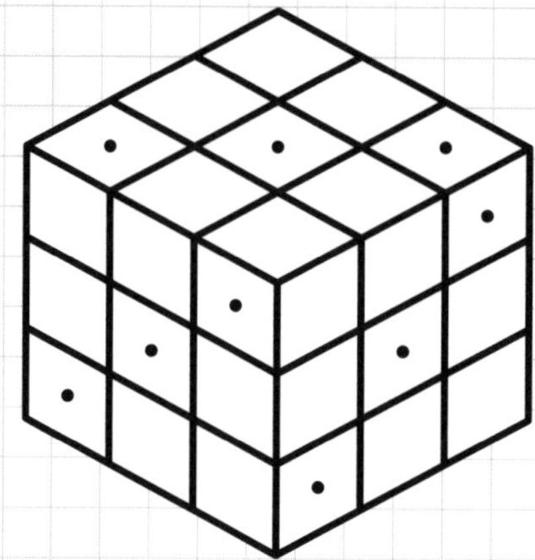

問 4

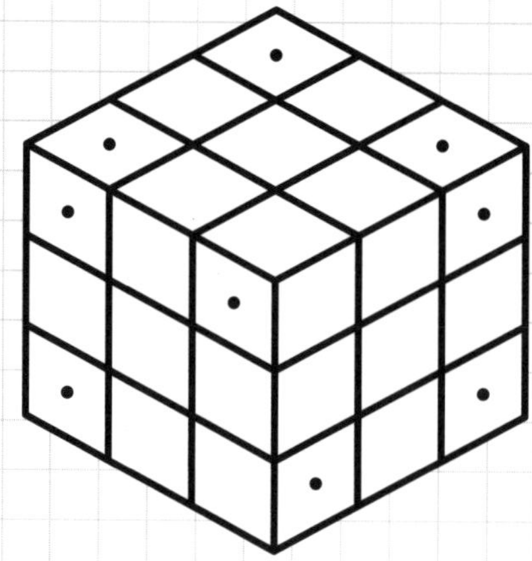

問5

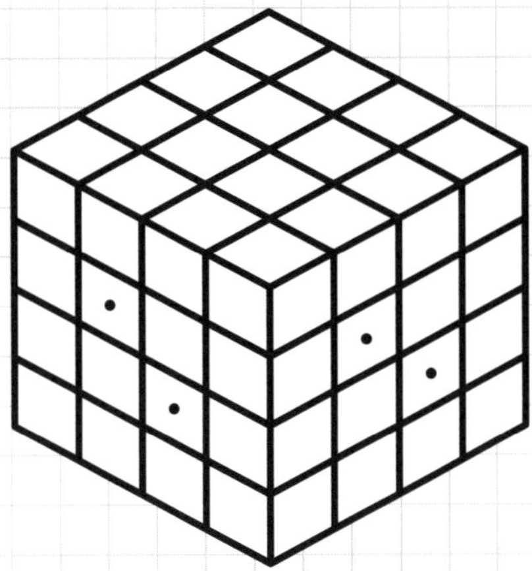

問6

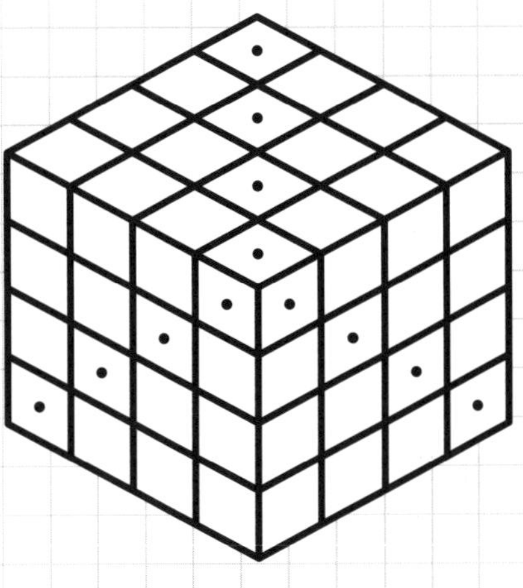

力(ちから)だめし & JUMPの解答(かいとう)

力だめし

問1

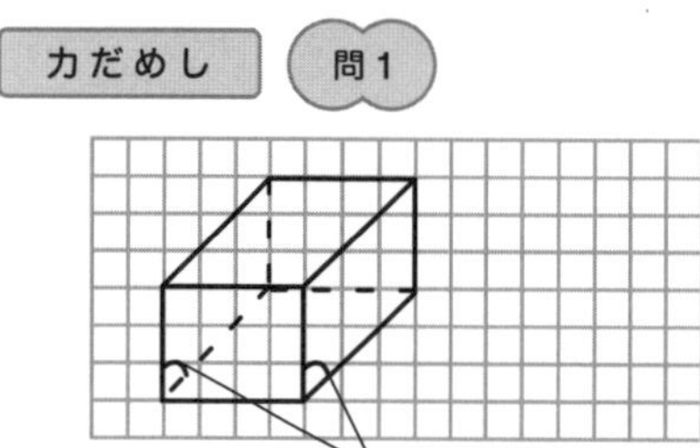

問2

イ　エ　オ

JUMP／サイコロの展開図

問1

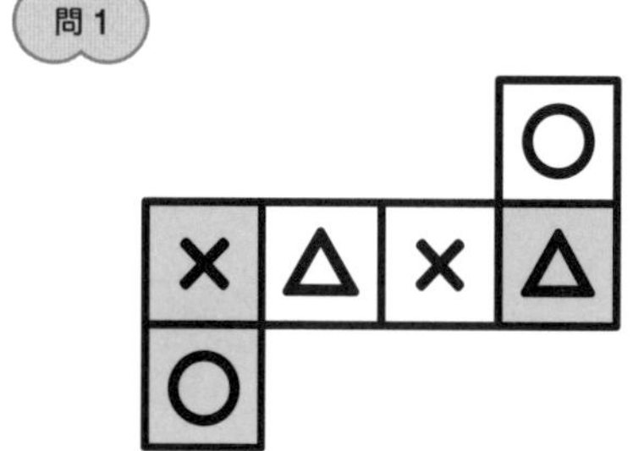

問2

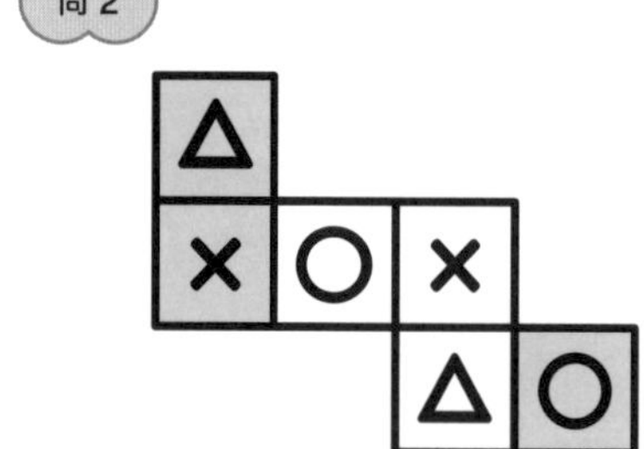

問3

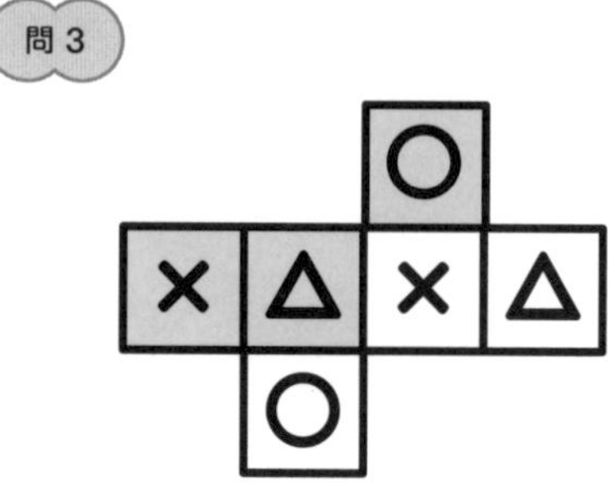

問4

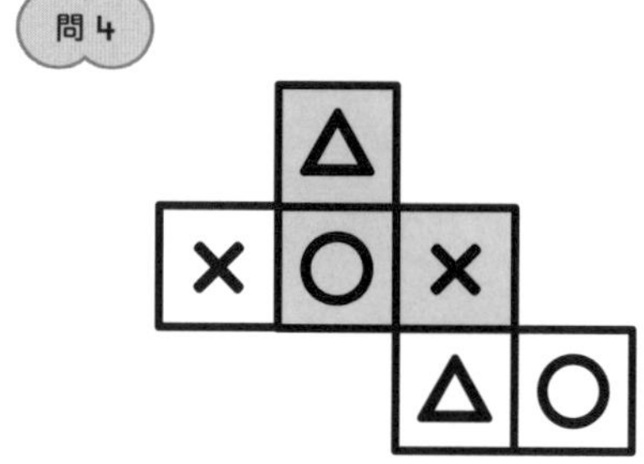

JUMP／くしざしパズル

問1　4個

問2　3個

問3　6個

問4　10個

問5　50個

問6　24個

単元⑩　単元レベル：6年生

場合の数

この単元のゴール

▶「ならべかた」と「組み合わせ」を区別できるようになる

「あることがらについて、その起こり方が何通りあるか」を「場合の数」といいます。

例 A B C の3枚のカードがあります。

❶ 3枚のカードのうち、2枚をならべる、ならべかたの数。

❷ 3枚のカードのうち、2枚を選ぶ、組み合わせの数。

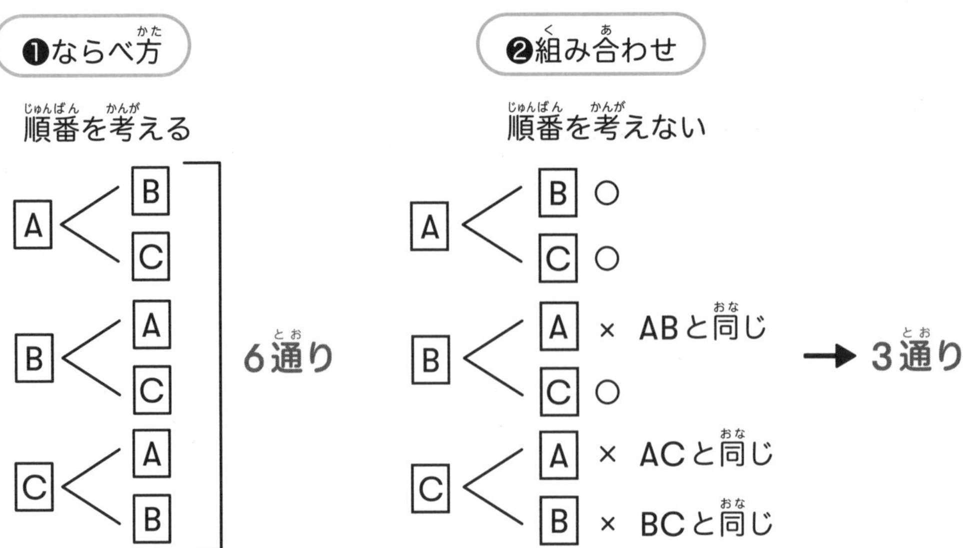

2 「ならべ方」の解き方

ならべ方を考えるときに役立つのが「樹形図」です。

例 [1][2][3] の3枚のカードがあります。この3枚のカードを使って3ケタの整数をつくるとき、3ケタの整数は全部で何通りありますか。

まず、百の位、十の位、一の位に分けて考えます。

百の位　十の位　一の位

❶ 百の位が1のときを考えます。
百の位が1のとき、十の位は2か3になります。

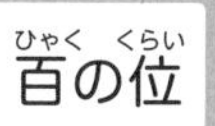

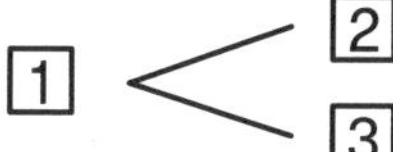

❷ 十の位が2のとき、一の位は3。
十の位が3のとき、一の位は2。

❸ 同じように、百の位が2の場合と3の場合の樹形図をかくと、それぞれ右のようになります。
よって、全部で6通りあることがわかります。

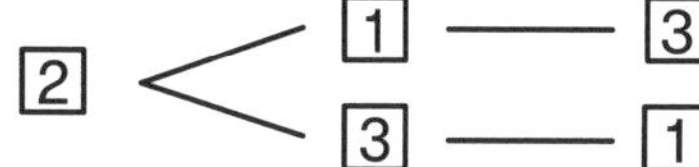

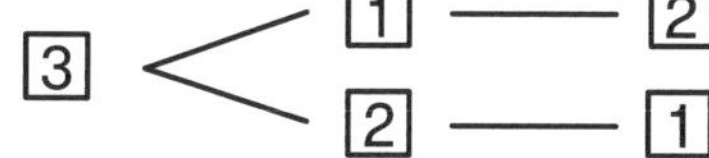

3 「組み合わせ」のポイント

組み合わせが何通りあるかを考えるとき、一番注意するべきポイントは、「同じ組み合わせは1通りとして考える」ということです。

たとえば、4つの正方形を組み合わせてできる形を考える時、正方形に区別がない場合、下の4つの図形は回転させるとすべて同じ形になるので、1通りとして数えます。

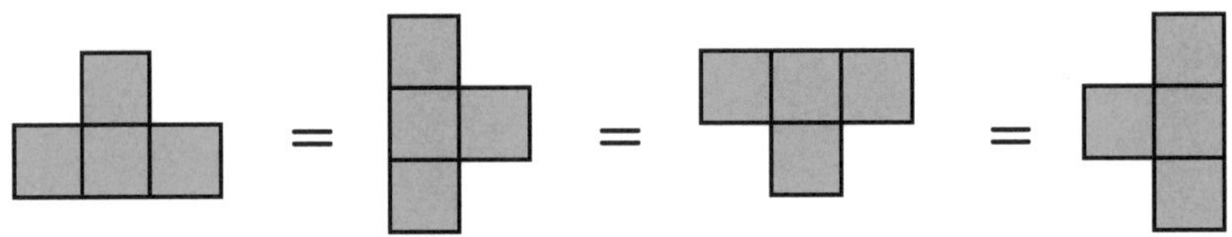

4 「組み合わせ」の解き方①

例 A、B、C、Dの4チームでサッカーの試合をします。それぞれ異なるチームと1回ずつ試合をするとき、4チームの対戦は全部で何試合になりますか。

計算を使って解くこともできます。

❶ 1つのチームが対戦するのは、自分のチーム以外との3試合。

❷ 全部で4チームあるので、3試合×4チーム＝12試合。

❸ A対BとB対Aは同じ試合なので、12÷2＝6試合となる。

(チーム数－1)×(チーム数)÷2

5 「組み合わせ」の解き方②

例 A、B、C、Dの4チームでサッカーの試合をします。それぞれ異なるチームと1回ずつ試合をするとき、4チームの対戦は全部で何試合になりますか。

❶ 表をつかった解き方

自分のチームとは対戦できないこと、A対BはB対Aと同じであることに注意して、試合の組み合わせを表に表すと右のようになるので、全部で**6試合**になります。

	A	B	C	D
A		①	②	③
B			④	⑤
C				⑥
D				

❷ 多角形をつかった解き方

A、B、C、Dを頂点としたとき、頂点から頂点へ引ける線の数が組み合わせの数になります。よって、全部で**6試合**になります。

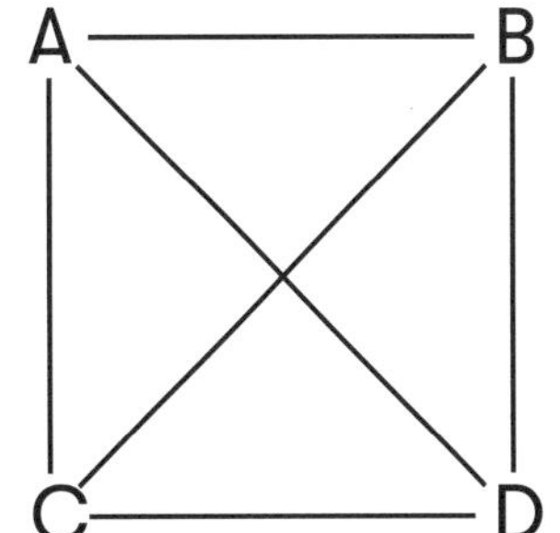

3チームで対戦するときは三角形、
5チームで対戦するときは五角形を描きます。

力だめし

問1

ササ、リンゴ、タケノコ、ニンジンのうち、3種類を袋に入れて詰め合わせを作ります。全部で何通りの入れ方がありますか。

問2

A、B、C、Dの4つの野球チームが、それぞれのどのチームとも1回ずつ当たるように試合をします。試合の組み合わせは、全部で何通りありますか。

問3

1枚のコインを続けて4回なげます。

（1）表と裏の出方は、何通りありますか。

（2）裏が3回出る出方は、何通りありますか。

パズル

STEP 色分けパズル

ルール

❶ いくつかのブロックに分かれた図形に、色をぬります。

❷ □で指定された数だけ絵の具の色があります。

❸ 辺で接しているブロックが同じ色にならないようにぬるためには、なん通りのぬり方があるでしょうか。

❹ すべての色を使う必要はありません。また、同じ色を何回でも使うことができます。

例

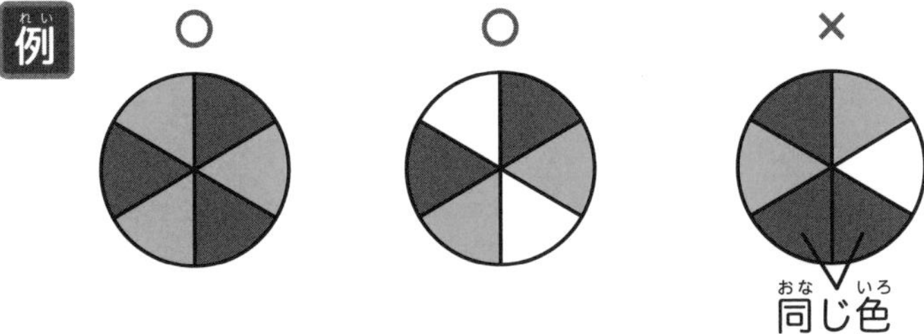

3色

A	B	
	C	D

解答と解き方

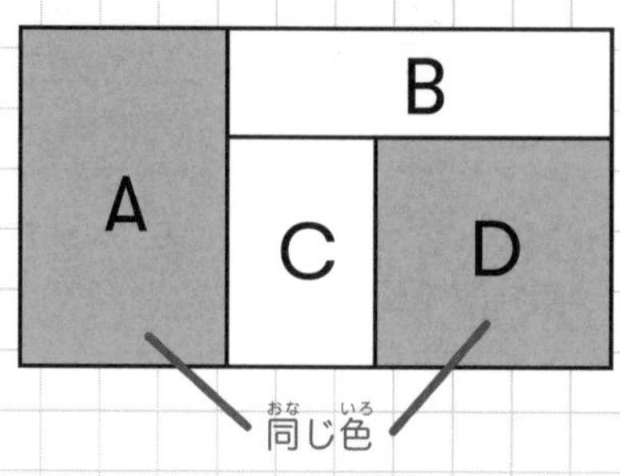

❶ 赤、青、緑の３色で考えます。

❷ A、B、C、Dの４か所を３色でぬり分けるには、上の図のようにAとDの２か所を同じ色でぬる必要があります。

❸ AとD、B、Cの順に色をぬっていくと考えると、AとDには３通り、BにはAとDにぬった色以外の２通り、CにはAとD、Bにぬった色以外の１通りのぬり方があるため、ぬり分ける方法は全部で「３×２×１＝６通り」となります。

赤青緑の ３色	AとDにぬった色 以外の２色	残った １色
AとD	B	C
赤	青	①緑
	緑	②青
青	赤	③緑
	緑	④赤
緑	赤	⑤青
	青	⑥赤

パズル

JUMP 色分けパズル

問1

3色

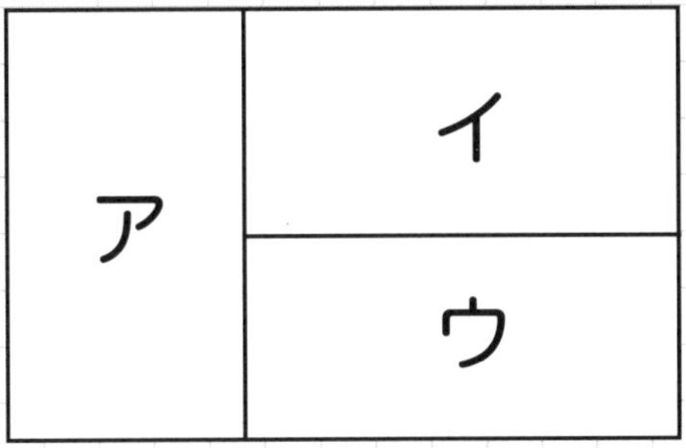

ア	イ
	ウ

問2

4色

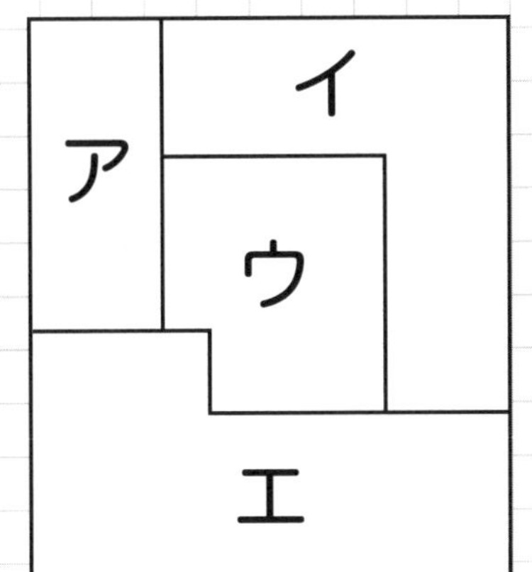

問3

3色

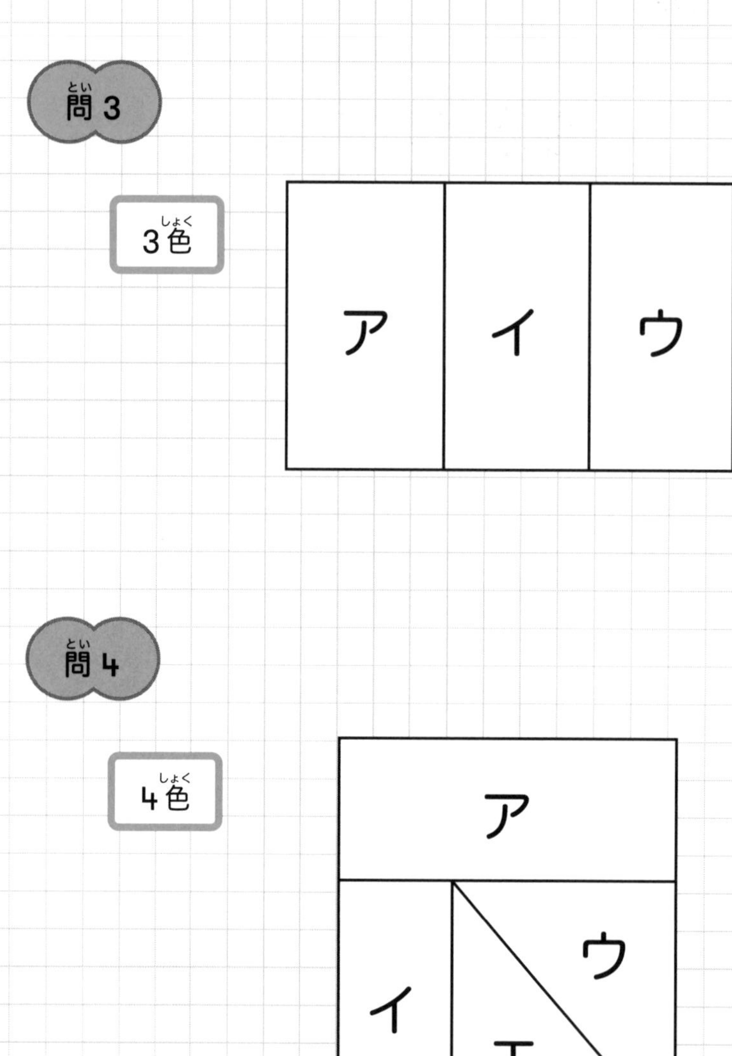

問4

4色

パズル

STEP ブロックパズル

ルール

❶ 同じ形のブロックが組み合わさって、１つの図形を作っています。この図形に、同じ形のブロックを１つくっつけて新しい図形を作ります。

❷ 新しくできる図形の形は何通りありますか。裏返したり、回転させて同じ形になるものは１通りとして数えることに注意して考えましょう。

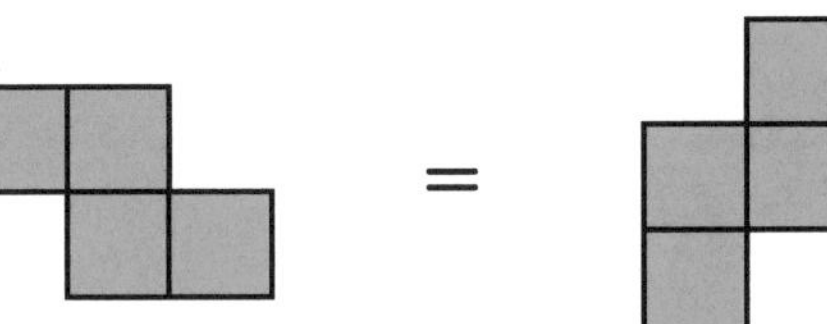

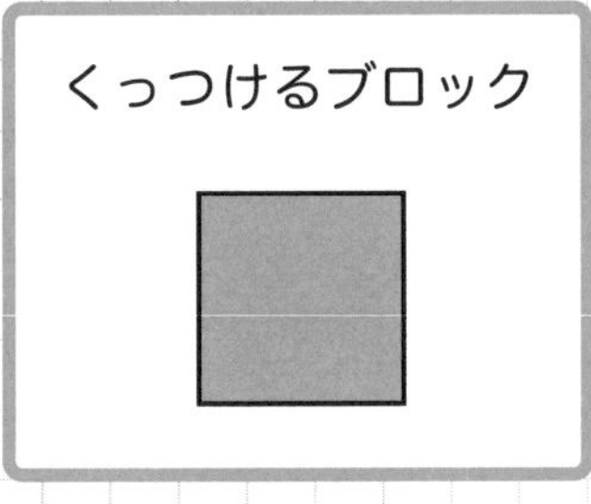

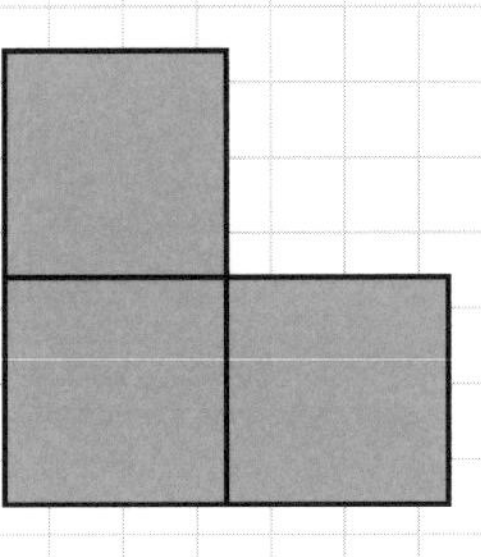

解答と解き方

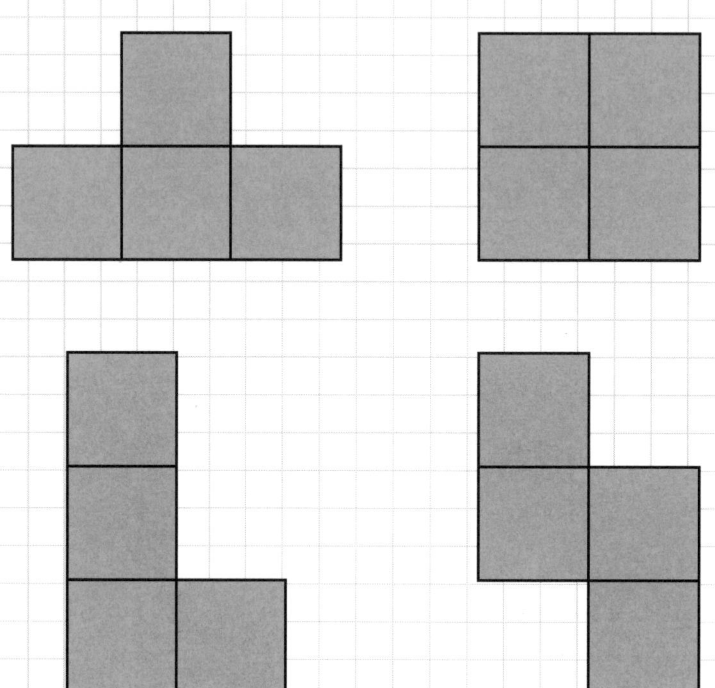

「回転させると同じ形になる組み合わせがある」ことに注意してくっつけていくと、図形の形は上の4通りになります。

パズル

JUMP ブロックパズル

問1

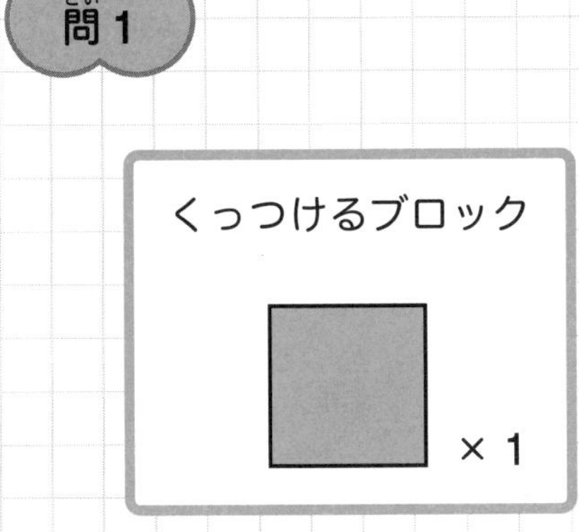

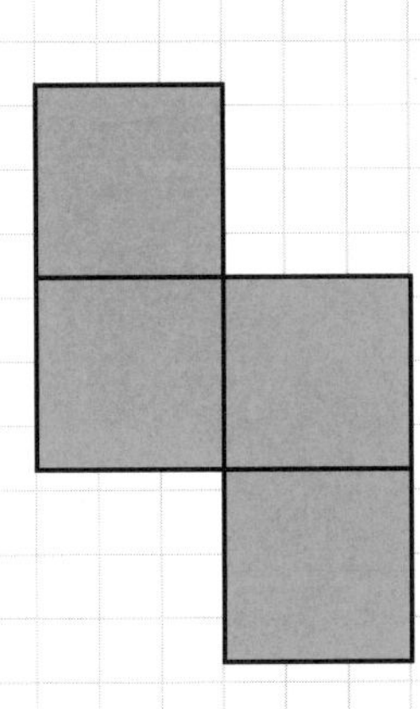

問2

長方形を作りましょう。

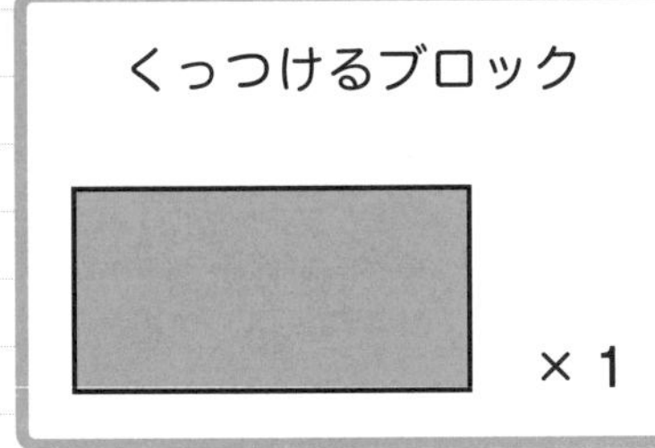

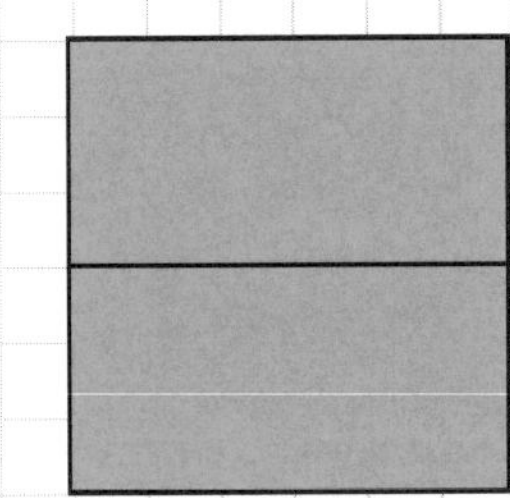

・よこの長さはたての長さの2倍です。

・くっつけ方がちがえば、別の長方形として数えます。

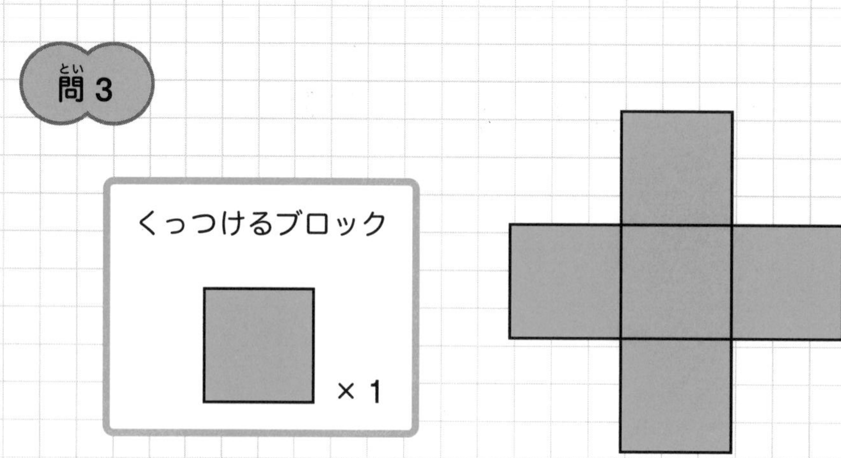

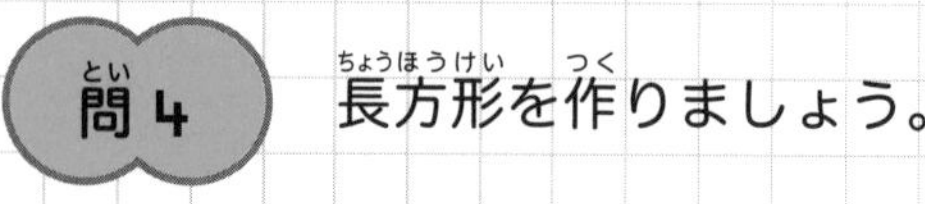

長方形を作りましょう。

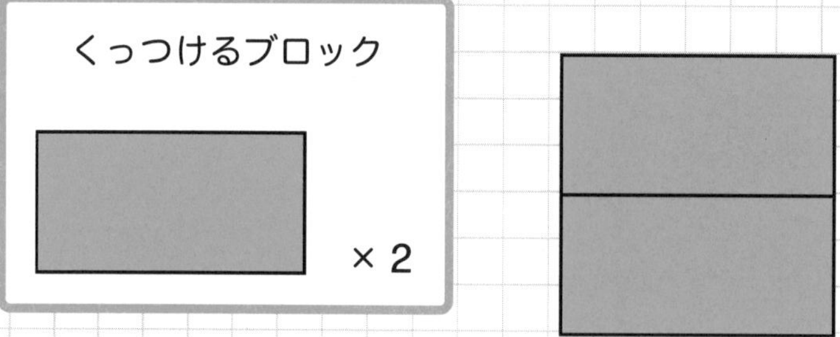

・よこの長さはたての長さの2倍です。

・くっつけ方がちがえば、別の長方形として数えます。

問5

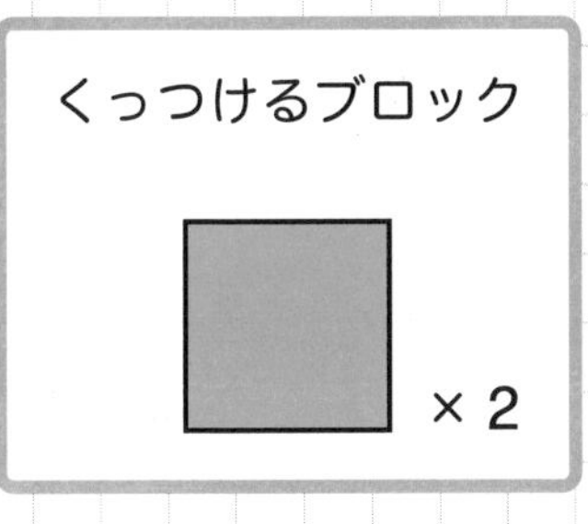

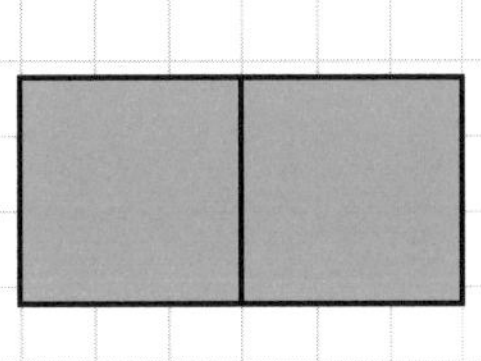

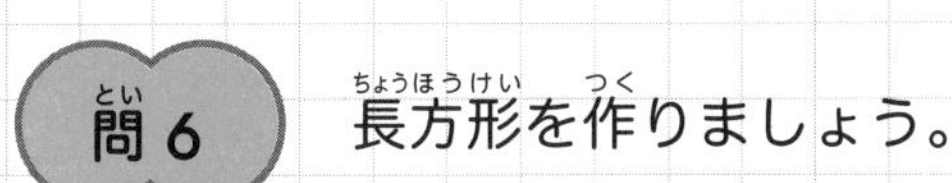

問6 長方形を作りましょう。

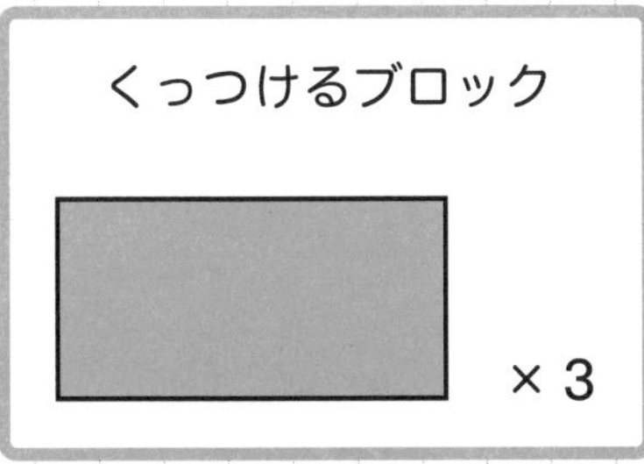

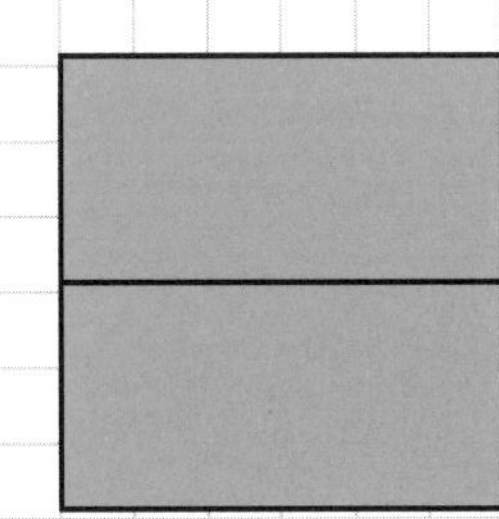

・よこの長さはたての長さの2倍です。

・くっつけ方がちがえば、別の長方形として数えます。

力(ちから)だめし & JUMPの解答(かいとう)

力だめし　問1　4通り

問2　6通り

問3　（1）16通り　（2）4通り

JUMP／色分けパズル

問1　6通り

問2　24通り

問3　12通り

アとウが同じ色の場合、ア、イ、ウがすべて異なる色の場合に分けて考えます。

問4　18通り

アとエ、イとウが同じ色の場合、アとエだけが同じ色の場合、イとウだけが同じ色の場合に分けて考えます。

JUMP／ブロックパズル

問1　4通り

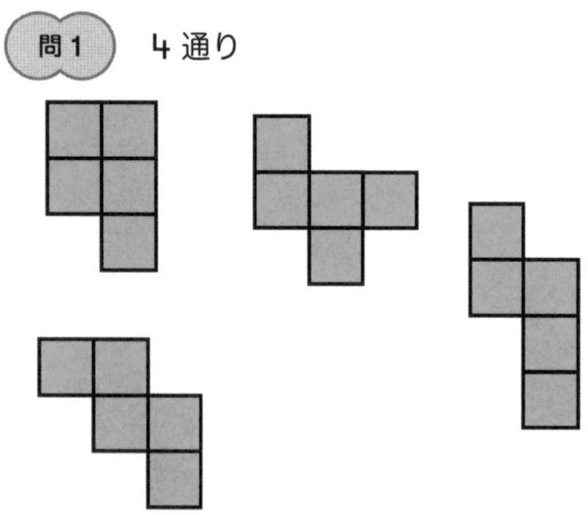

問2　2通り

問3　2通り

問4　4通り

問5　6通り

問6　5通り

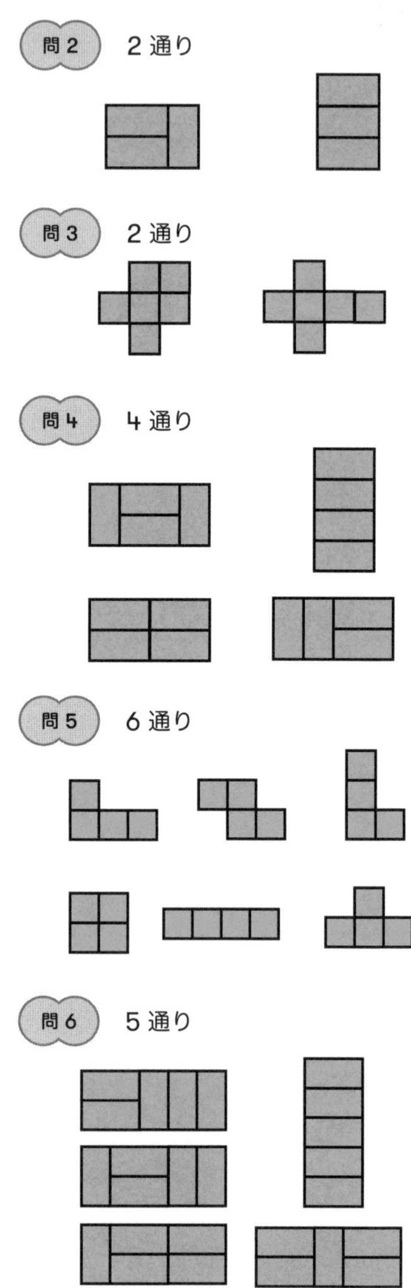

Zzz…

やみつき二段

天才証明書

おめでとう！

ここまでハマれたキミはすごい！

これからも、友だちや家族みんなで好きなだけパズルにやみついちゃってください。

やみつきバンザイ！

ほかのレベルもあるから
挑戦してみてね♪

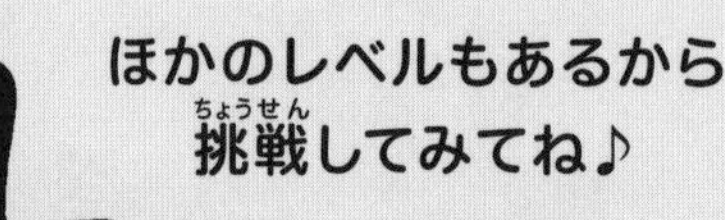

田邉 亨（たなべ・とおる）

りんご塾代表
パズル作家

滋賀県彦根市生まれ。幼少よりさまざまな音楽に没頭。声楽家を目指し音大に入学するも、ボサノバとサンバにハマりブラジル行きを志し、3 年次に中退。サンパウロでは日本人街の窮状にショックを受け、早々に渡米。その後、ニューヨーク市立大学とペンシルバニア州立大学でリベラルアーツを学ぶ。
留学中にニュートンの著作『自然哲学の数学的諸原理』と出合い、数学と算数の奥深さにハマったことがきっかけで帰国後の 2000 年、算数を通じて小学生の天才性を育むため地元彦根市に「算数オリンピック」「そろばん」「思考力」を柱とした学習教室「りんご塾」を設立。独自のパズルを用いたユニークな指導が人気となり、口コミで県外から通う生徒が出るほどの盛況となり、現在は全国に 50 教室以上を展開中。「難しいことを易しく、易しいことを深く、深いことを面白く」をモットーに、未就学児〜小学校低学年に独自の教材で指導。特に小学生にとって最難関と言われる算数オリンピックにおいて、多くの金メダリストと入賞者を輩出し続けている。
全国ネット放送『ニノさん』など、多くの TV・ラジオに出演。『プレジデントファミリー』『AERA with Kids』『朝日小学生新聞』『集英社オンライン』など記事掲載多数。趣味はクラシック鑑賞（マーラー、シューベルト、プロコフィエフなど)。夢は「算数×パズル」で全国の子どもたちを天才にすること。著書に、15 万部突破のベストセラーとなった『算数と国語の力がつく 天才 !! ヒマつぶしドリル』（学研プラス）シリーズがある。
本書は、20 年超にわたり算数の天才を育てる原動力となっている塾のオリジナル授業を書籍化したもの。

小学校 6 年間の算数をあそびながらマスター！
やみつき算数ドリル［ふつう］

2023 年 10 月 5 日　初版第 1 刷発行

著　者　田邉亨
発行者　小山隆之
発行所　株式会社実務教育出版
〒 163-8671 東京都新宿区新宿 1-1-12
電話 03-3355-1812（編集） 03-3355-1951（販売）
振替 00160-0-78270

企画・編集　小谷俊介
装丁　渡邊民人（TYPEFACE）
装画・本文イラスト　寺崎愛
本文デザイン・DTP・図版制作　Isshiki

印刷・製本　図書印刷

ISBN978-4-7889-0972-4 C6037